ISW 20

Berichte aus dem Institut für Steuerungstechnik
der Werkzeugmaschinen und Fertigungseinrichtungen
der Universität Stuttgart

Herausgegeben von Prof. Dr.-Ing. G. Stute

P. Stof

Untersuchungen über die Reduzierung dynamischer Bahnabweichungen bei numerisch gesteuerten Werkzeugmaschinen

Springer-Verlag
Berlin · Heidelberg · New York

D 93

Mit 64 Abbildungen

ISBN-13: 978-3-540-08589-8 e-ISBN-13: 978-3-642-81213-2
DOI: 10.1007/978-3-642-81213-2

2060/3020–543210

Vorwort des Herausgebers

Das Institut für Steuerungstechnik der Werkzeugmaschinen und Fertigungseinrichtungen der Universität Stuttgart befaßt sich mit den neuen Entwicklungen der Werkzeugmaschine und anderen Fertigungseinrichtungen, die insbesondere durch den erhöhten Anteil der Steuerungstechnik an den Gesamtanlagen gekennzeichnet sind. Dabei stehen die numerisch gesteuerte Werkzeugmaschine in Programmierung, Steuerung, Konstruktion und Arbeitseinsatz sowie die vermehrte Verwendung des Digitalrechners in Konstruktion und Fertigung im Vordergrund des Interesses.

Im Rahmen dieser Buchreihe sollen in zwangloser Folge drei bis fünf Berichte pro Jahr erscheinen, in welchen über einzelne Forschungsarbeiten berichtet wird. Vorzugsweise kommen hierbei Forschungsergebnisse, Dissertationen, Vorlesungsmanuskripte und Seminarausarbeitungen zur Veröffentlichung.

Diese Berichte sollen dem in der Praxis stehenden Ingenieur zur Weiterbildung dienen und helfen, Aufgaben auf diesem Gebiet der Steuerungstechnik zu lösen. Der Studierende kann mit diesen Berichten sein Wissen vertiefen.

Unter dem Gesichtspunkt einer schnellen und kostengünstigen Drucklegung wird auf besondere Ausstattung verzichtet und die Buchreihe im Fotodruck hergestellt.

Der Herausgeber dankt dem Springer-Verlag für Hinweise zur äußeren Gestaltung und Übernahme des Buchvertriebs.

Stuttgart, im Februar 1972

Gottfried Stute

Inhaltsverzeichnis

Schrifttum

/1/ Herold, H. H.; Maßberg, W.; Stute, G.: Die numerische Steuerung in der Fertigungstechnik. Düsseldorf: VDI-Verlag 1971.

/2/ Schmid, D.: Numerische Bahnsteuerung. Beitrag zur Informationsverarbeitung und Lageregelung. Berlin, Heidelberg, New York: Springer Verlag, 1972.

/3/ Schmid, D.: Interpolation bei numerischen Bahnsteuerungen. Steuerungstechnik 2. Jg. (1969) Nr. 9, S. 342 ... 349.

/4/ Stute, G.; Schmid, D.: Typische Konturfehler bei der Werkstückbearbeitung mit numerischen Bahnsteuerungen. Annals of the C.I.R.P. Vol. XVIII, pp. 531 ... 540. Printed in GB 1970.

/5/ Klimke, W.: Fehleruntersuchungen an einem störkraftbelasteten Lageregelkreis. Dortmund: Dr.-Ing.-Diss. 1974.

/6/ Schmid, D.; Hofmann, R.: Verringerung dynamischer Bahnabweichungen bei NC-Maschinen durch Sollbahnverzerrungen. Essen: Giradet-Verlag: HGF-Kurzbe - richte (Loseblattsammlung) Blatt 72/5o.

/7/ Bollinger, J. G. Poo, A. N. — Control system and part edge programming for computer numerical control. Wisconsin-Madison: University Research-Report, 1973.

/8/ Druckschriften der Firmen AEG, Bosch, Kongsberg und Siemens AG.

/9/ Anniés, B. Götz, E. — Angepaßte Führungsgrößenerzeugung bei numerischen Steuerungen. wt-Z. ind. Fert. (1975) Nr. 11, S. 687 ... 696.

/10/ Küpfmüller, K. — Die Systemtheorie der elektrischen Nachrichtenübertragung. Stuttgart: Hirzel Verlag, 1968.

/11/ Vigour, H. E. — Effect of servomechanism characteristics on accuracy of contouring around a corner. Trans. Amer. Inst. Electr. & Electronics - Eng. (II) (Applic. & Ind.) 82 (1963) 66, S. 120 ... 124.

/12/ Unbehauen, R. — Systemtheorie. Eine Einführung für Ingenieure. München, Wien: R. Oldenbourg-Verlag, 2. Auflage 1971.

/13/ Augsten, G. Schmid, D. — Einfluß von Spiel und Reibung auf die Konturfehler bahngesteuerter Werkzeugmaschinen. Steuerungstechnik 2. Jg. (1969) Nr. 3, S. 103 ... 108.

/14/ Stute, G. — Steuerungstechnik der Werkzeugmaschinen. Manuskript zur Vorlesung. Stuttgart: Selbstverlag 1976.

/15/ Boelke, K. — Messungen an Lageregelkreisen. In: Lageregelung an Werkzeugmaschinen. Herausgeber Prof. Dr.-Ing. G. Stute. Selbstverlag, 3. überarbeitete Auflage 1975.

/16/ Boelke, K. — Beitrag zur Analyse und Beurteilung von Lagesteuerungen für numerisch gesteuerte Werkzeugmaschinen. Berlin, Heidelberg, New York: Springer Verlag 1977.

/17/ Wilharm, H. — Aufstellung und Einsatz von mathematischen Modellen für mechanische Systeme. Siemens Forschungs- und Entwicklungsberichte 3(1974) Nr. 5, S. 281 ... 287.

/18/ Bronstein, I., Semendjajew, K. — Taschenbuch der Mathematik. Zürich, Frankfurt: Verlag Harri Deutsch, 5. Auflage 1965.

/19/ Hütte I: Theoretische Grundlagen. Berlin: Verlag Wilhelm Ernst & Sohn, 28. Auflage 1955.

/20/ Kaufmann, H. Dynamische Vorgänge in linearen Systemen der Nachrichten- und Regelungstechnik.
München, Wien: R. Oldenbourg Verlag, 1959.

/21/ Leonhard, W. Einführung in die Regelungstechnik.
Braunschweig: Vieweg Verlag, 2. Auflage 1972.

/22/ Oppelt, W. Kleines Handbuch technischer Regelvorgänge.
Weinheim: Verlag Chemie, 4. Auflage 1967.

/23/ Landgraf, Chr.
Schneider, G. Elemente der Regelungstechnik.
Berlin, Heidelberg, New York:
Springer Verlag, 1970.

/24/ Frank, P. M. Entwurf von Regelkreisen mit vorgeschriebenem Verhalten.
Karlsruhe: Verlag G. Braun, 1974.

/25/ Cadzow, J. A.
Martens, H. R. Discrete-Time and Computer Control Systems.
Hemel Hempstead: Prentice-Hall,Inc. 1970.

/26/ Ackermann, J. Abtastregelung.
Berlin, Heidelberg, New York:
Springer Verlag, 1972.

/27/ Schüßler, H. W. Digitale Systeme zur Signalverarbeitung.
Berlin, Heidelberg, New York:
Springer Verlag, 1973.

/28/ Bub, W. Digital simulation of linear and non-linear networks of transfer functions using z-transform techniques. Brüssel: E.A.I. European Computation Centre, E.C.C. Report 77.

/29/ Lerner, A. Ja. Rosenmann, E. R. Optimale Steuerungen. Berlin: VEB-Verlag Technik, 1973.

Zeichenerklärung

Abkürzungen und Indizes

A	- Antrieb; Fläche
AK	- Absolutwerte der Kenngrößen
AO	- Antrieb bei starr angekoppelten mechanischen Übertragungsgliedern
B	- Bahn; Bezugs-
BK	- Bezogene Kenngrößen
BFE	- Beschleunigungsgesteuerte Führungsgrößenerzeugung
E	- Eck-
GFE	- Geschwindigkeitsgesteuerte Führungsgrößenerzeugung
H	- Hilfs-
I	- Integral-
K	- Gradkorrektur -
KVB	- Bezogene Geschwindigkeitsverstärkung
L	- Lageregelung; Last-
LGV	- Lageregelung mit Geschwindigkeitsvorsteuerung
LRK	- Lageregelkreis
LV	- Lageregelung mit Führungsgrößenvorsteuerung
M	- Motor-
M1	- Mechanische Übertragungsglieder innerhalb des LRK
M2	- Mechanische Übertragungsglieder außerhalb des LRK
N	- Nenn-
P	- Proportional-
PD	- Proportional-Differential-
R	- Regler-
S	- Strecke
T	- Tot-
V	- Führungsgrößenvorsteuerung

a	- Abweichung; Abstand; Beschleunigungs-
ab	- Abtast-
b	- Brems
d	- diskontinuierlich
e	- Ecken-; Toleranzabhängige -; Einsparung -
ers	- Ersatz -
f	- Führungs-
g	- geradlinig
grenz	- Grenzwert
i	- Istgröße
id	- ideal
k	- kontinuierlich
l	- Lauf-; linear-
m	- Zählvariable; Ordnungszahl; Grad eines Poly - noms
mech	- mechanisch
n	- Zählvariable; Ordnungszahl; Grad eines Polynoms
par	- parabel-
pos	- positionier-
r	- Regler-; Regel-; rechtwinklig
s	- Sollgröße
st	- stabil
u	- unempfindlich
ü	- Überhöhung; Überlastung; Überschwing-
v	- geschwindigkeits-; Vorhalte-; Vorsteuer-; verzerrt
x	- in x-Richtung
y	- in y-Richtung
z	- in z-Richtung; zusätzlich

o - Offener Regelkreis; Konstanter Wert; Anfangswert; Kennwert

1 - Zählindex; Ordnungszahl

2 - Zählindex; Ordnungszahl

3 - Zählindex; Ordnungszahl

Δ - Differenz; Abstand; Änderung

Formelzeichen

D - Dämpfungsgrad

F - Frequenzgang; Übertragungsfunktion

J - Massenträgheitsmoment

L - Bahnlänge; Laplace-Transformierte von ...

N - Impulszahl zur Erzeugung einer optimalen Steuerfunktion

R - Radius

T - Zeitkonstante

$\mathfrak{A}$ - Systemmatrix der Zustandsgleichungen

$\mathfrak{a}$ - Beschleunigungsvektor

$\mathfrak{b}$ - Eingangsvektor der Zustandsgleichungen

$\mathfrak{c}$ - Ausgangsvektor der Zustandsgleichungen

$\mathfrak{i}$ - Koordinateneinheitsvektor

$\mathfrak{j}$ - Koordinateneinheitsvektor

$\mathfrak{k}$ - Koordinateneinheitsvektor

$\mathfrak{r}$ - Radiusvektor

$\mathfrak{v}$ - Geschwindigkeitsvektor

a - Beschleunigung; Polynomkoeffizienten für Parametergleichungen und Übertragungsfunktionen

b - Polynomkoeffizienten für Parametergleichungen und Übertragungsfunktionen

c - Polynomkoeffizienten für Parametergleichungen und Übertragungsfunktionen

d - Graddifferenz; Durchgangsvariable für die Zustandsgleichungen

e - Toleranz

g - Gewichtsfunktion

h - Spindelsteigung

i - Getriebeübersetzung

j - Imaginäre Einheit

l - Bogenlänge

p - Komplexe Variable

s - Weg; Sammelgröße für x-,y-,z-Lagewerte; Zustandsgrößen

t - Zeit

v - Geschwindigkeit

x - Lagewert

y - Lagewert

z - Lagewert

Φ - Phasenwinkel

ϑ - Bahnparameter; Kurvenparameter

$\varkappa$ - Ordnungszahl der höchsten Ableitung

λ - Gesamtzahl der beschränkten Ableitungen der Weg-Zeit-Funktionen

ν - Zählindex für die Abtastzeit

τ - Normierte Zeit t

φ - Startwinkel

ψ - Richtungsänderungswinkel

ω - Kreisfrequenz; Winkelgeschwindigkeit

<u>Zusammengesetzte Zeichen</u>

Die Bedeutung der zusammengesetzten Zeichen läßt sich den beiden vorhergehenden Aufstellungen entnehmen. Einige häufig gebrauchte Zeichen sind:

A_B - Bahnabweichungsfläche

D_A - Dämpfungsgrad des Antriebs

D_V - Dämpfungsgrad der Führungsgrößenvorsteuerung

F_A - Frequenzgang bzw. Übertragungsfunktion des Antriebs

F_{AO} - Frequenzgang bzw. Übertragungsfunktion des Antriebs bei starr angekoppelten mechanischen Übertragungsgliedern

F_L - Frequenzgang bzw. Übertragungsfunktion der Lageregelung

K_v - Geschwindigkeitsverstärkung der Lageregelung

K_{vV} - Geschwindigkeitsverstärkung des Gradkorrekturfaktors

a_f - Führungsbeschleunigung

a_{fO} - Konstante Führungsbeschleunigung

a_H - Hilfsbeschleunigung

a_i - Istbeschleunigung

e_a - Eckenabweichung

e_{ar} - Eckenabweichung bei rechtwinkliger Ecke

s_f - Lageführungsgröße

s_{fv} - Verzerrte Lageführungsgröße

s_H - Hilfsweg als Bezugsgröße

s_i - Lage-Istgröße

s_{ir} - Lageregelgröße

$ü_a$ - Überschwingabweichung

T_T - Totzeit

v_B - Bahn- bzw. Bezugsgeschwindigkeit

v_f - Führungsgeschwindigkeit

v_s - Sollgeschwindigkeit

v_i - Istgeschwindigkeit

x_f - Lageführungsgröße der X-Achse

y_f - Lageführungsgröße der Y-Achse

Δs - Schleppabstand

Δv - Geschwindigkeitsänderung

ω_O - Winkelgeschwindigkeit bei Kreisbewegung

ω_{OA} - Kennkreisfrequenz des Antriebs bei starr angekoppelten mechanischen Übertragungsgliedern

1 Einführung und Aufgabenstellung

Bei der Fertigung kleiner bis mittlerer Serien von Werkstücken sowie komplizierter Einzelteile aus teueren Werkstoffen sind Flexibilität, Fertigungssicherheit, Qualität und Wirtschaftlichkeit vielfach nur durch den Einsatz numerisch bahngesteuerter Werkzeugmaschinen erreichbar.

Numerisch bahngesteuerte Werkzeugmaschinen (NC-WZM) bewirken selbsttätig ablaufende Relativbewegungen zwischen Werkzeug und Werkstück zur Durchführung eines gewünschten Bearbeitungsprozesses, wie z.B. Fräsen oder Drehen. Diese Relativbewegungen entstehen durch die Simultanbewegung der über die Maschinenkonstruktion miteinander gekoppelten Schlitten der einzelnen Maschinenachsen. Die Maschinenschlitten sind in ihrer Lage unabhängig voneinander einstellbar. Die Lageeinstellung in den einzelnen Achsen erfolgt in Abhängigkeit von vorgeschriebenen Arbeitsinformationen /1/, die in einem Programm zusammengefaßt und meist auf einem Lochstreifen als Datenträger gespeichert werden.

Zur Lageeinstellung werden Steuereinrichtungen benötigt. Deren Aufgabe ist /1/

1. die Führungsgrößenerzeugung
   und
2. die Istgrößenerzeugung.

Bei numerisch bahngesteuerten Werkzeugmaschinen werden, wie der Signalflußplan in Bild 1.01 zeigt, aus digital vorliegenden Eingabeinformationen im Interpolator - einer Recheneinrichtung - die Lageführungsgrößen als feingestufte Weg-Zeit-Funktionen erzeugt. Die Lageregelungen führen die einzelnen Maschinenschlitten den Lageführungsgrößen nach. Die Lageregelungen stellen Systeme dar, in deren Signalwirkungsweg (DIN 19226, DIN 19229) ein Lageregelkreis enthalten ist. Durch das gleichzeitige Nachführen der Schlitten bewegt sich das Werkzeug relativ zum Werkstück längs einer Bahn. Diese Bahn ist nicht immer identisch mit der gewünschten Sollbahn, insbesondere bei nicht kontinuierlichen Bahnrichtungsänderungen. Die auftretenden Abweichungen sind die Folge der signalverzerrenden Eigenschaft der Lageregelungen und werden im folgenden mit dynamischen Bahnabweichungen bezeichnet /2/.

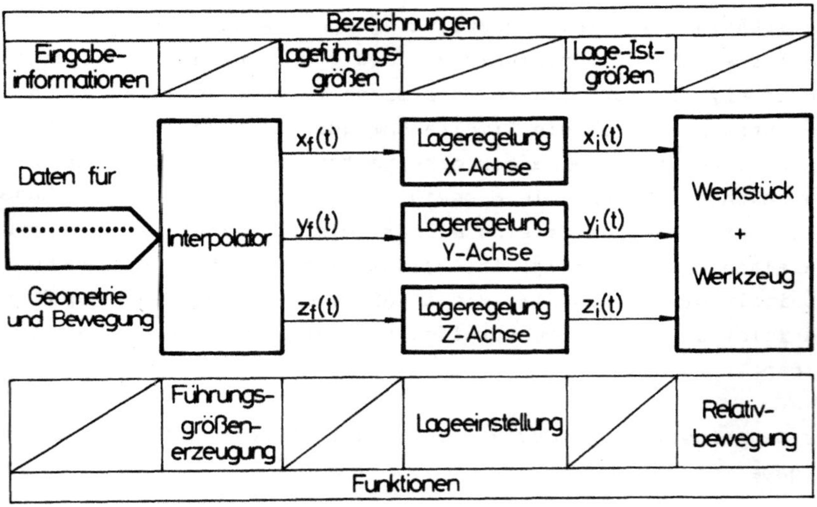

Bild 1.01: Signalflußplan zur Erzeugung von Relativbewegungen zwischen Werkzeug und Werkstück bei numerisch bahngesteuerten Werkzeugmaschinen

Die Verringerung der dynamischen Bahnabweichungen wird bei herkömmlichen numerisch bahngesteuerten Werkzeugmaschinen angestrebt durch /2/, /3/, /4/:

1. Erzeugung eines möglichst quasistetigen Verlaufs der Lageführungsgrößen.
2. Abgleichbewegungen durch Zwickelbildung.
3. Vermeidung von Nichtlinearitäten in den Lageregelungen.
4. Einsatz von dynamisch hoch beanspruchbaren Werkzeugmaschinen und reaktionsschnellen Antriebs-

systemen.

5. Parameteroptimierung der in den Lageregelungen eingesetzten Lageregelkreisen.
6. Abgleich des Übertragungsverhaltens (DIN 19229) in den an der Erzeugung der Relativbewegung beteiligten Lageregelungen.

Diese Maßnahmen sind nicht ausreichend, um bei komplizierten Werkstücken aus hochwertigen Materialien bei steigenden Bearbeitungsgeschwindigkeiten die geforderten Toleranzen der Formabweichungen einzuhalten. Es muß daher nach zusätzlichen Möglichkeiten gesucht werden, dem Auftreten von Formabweichungen entgegenzuwirken und die dynamischen Bahnabweichungen in noch stärkerem Maße als bisher zu verringern. Hierzu gibt es Ansätze /5/, /6/, /7/, /8/. Jedoch fehlen Angaben über die Grenzen der angewandten Verfahren, ihre Vor- und Nachteile und die Auswirkungen auf die Bahnabweichungs- und Bewegungskenngrößen.

Ziel der vorliegenden Arbeit ist es, die Möglichkeiten und Verfahren zur weiteren Reduzierung der durch das Zusammenwirken von Lageführungsgrößen und Übertragungsverhalten der Lageregelungen verursachten dynamischen Bahnabweichungen aufzuzeigen und ihre Anwendbarkeit zu untersuchen. Für die praktische Anwendung sollen Hinweise gegeben und Hilfsmittel in Form von Diagrammen und Tabellen erarbeitet werden, die den Entwurf und die Dimensionierung der Lageregelungen erleichtern und den Vergleich von Meßergebnissen gestatten.

2 Dynamische Bahnabweichungen

Dynamische Bahnabweichungen machen sich durch Bahnversatz, Überschwingen und Verschleifen von Ecken bemerkbar /1/, /2/. Damit dynamische Bahnabweichungen nicht auftreten könnten, müßte das Übertragungsverhalten der Lageregelungen verzerrungsfrei sein. Die Bedingungen hierfür lauten gemäß /10/:

$$F_L\ (j\omega) = \frac{|s_i(j\omega)|}{|s_f(j\omega)|} = 1$$

$$t_l = -\frac{\phi}{\omega} = \text{konstant.}$$

Hierbei sind: $F_L(j\omega)$ der Amplitudengang der Lageregelung, $|s_i(j\omega)|$ und $|s_f(j\omega)|$ die Beträge der Fourier-Transformierten der Lage-Istgröße $s_i(t)$ und der Lageführungsgröße $s_f(t)$, ϕ der Phasenwinkel zwischen $s_i(j\omega)$ und $s_f(j\omega)$, ω die Kreisfrequenz und t_l die Laufzeit.

Die Bedingungen der verzerrungsfreien Signalübertragung können von realen Systemen nur begrenzt erfüllt werden. Dies beruht auf der in einem System nur beschränkt zur Verfügung stehenden Energie und dem immer vorhandenen Energiespeicher.

2.1 Reduzierung der dynamischen Bahnabweichungen

Die Möglichkeiten zur Reduzierung der dynamischen Bahnabweichungen und damit der sie verursachenden Signalverzerrungen sind aufgrund ihres Entstehens durch das Zusammenwirken von Lageführungsgrößen und Lageregelungen:

1. Beeinflussung des Übertragungsverhaltens der Lageregelungen
2. Beeinflussung der Lageführungsgrößen.

Zugehörige steuerungs- und regelungstechnische Verfahren gehen aus Bild 2.01 hervor. Es sind dies

- die Optimierung
- die Hilfsgrößenaufschaltung
- die Führungsgrößenverzerrung
- die Führungsgrößenglättung.

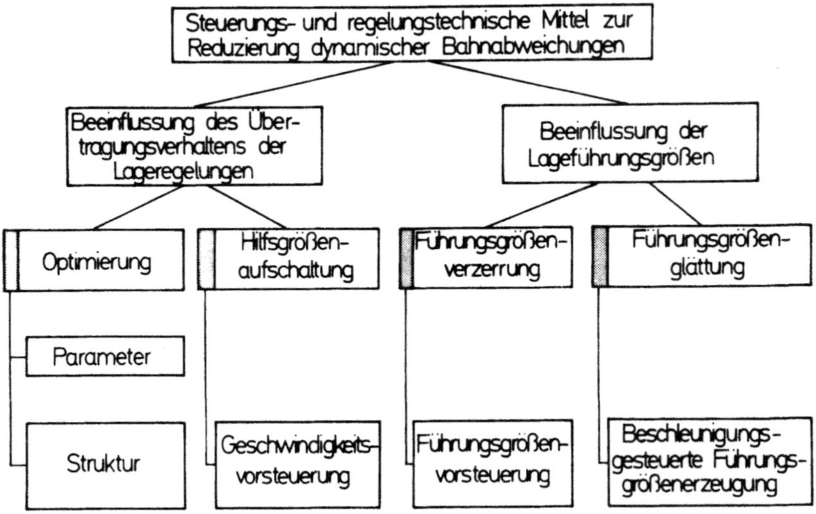

Bild 2.01: Möglichkeiten und Verfahren zur Reduzierung dynamischer Bahnabweichungen

Die Optimierung der Parameter und der Struktur der Lageregelungen ist nicht Gegenstand dieser Ausführungen. Verfahren zur Parameteroptimierung von Lageregelungen werden in /2/ aufgezeigt. Untersuchungen über die Strukturoptimierung, deren Realisierung und Auswirkung auf die Bahnerzeugung sind zur Zeit im Gange. Die Ergebnisse werden in einer anderen Arbeit dargestellt.

Die in dieser Arbeit betrachtete Beeinflussung des Übertragungsverhaltens beschränkt sich auf die Aufschaltung von Hilfsgrößen, insbesondere der einer Geschwindigkeit. Sie bewirkt eine Geschwindigkeitsvorsteuerung. Die Führungsgrößenerzeugung muß zusätzlich zu den Lageführungsgrößen Geschwindigkeitssignale liefern, die auf die unterlagerten Geschwindigkeitsregelkreise der Lageregelkreise einwirken. In /5/ wird eine Realisierungsform beschrieben. Die Untersuchungen hierüber geben keine Auskunft über die Auswirkungen auf Haltevorgänge und Bahnrichtungsänderungen. Diese und die daraus sich ergebenden Folgerungen für den Einsatz bei numerisch bahngesteuerten Werkzeugmaschinen bedürfen einer Untersuchung, die in Kapitel 3 erfolgt.

Die Beeinflussung der Lageführungsgrößen erfolgt entweder durch die Verzerrung oder Glättung der bei der üblichen Führungsgrössenerzeugung auf die Lageregelungen einwirkenden Signale.

Zwei Möglichkeiten verzerrte Lageführungsgrößen zu erzeugen werden in /6/ genannt. Voraussetzung ist die eindeutige Kenntnis des Übertragungsverhaltens der Lageregelung. Ist diese vorhanden, so werden, ausgehend von der gewünschten Sollbahn, die verzerrten Lageführungsgrößen entweder iterativ durch Simulation der Lageregelungen oder unter Verwendung der zeitoptimalen Steuerung nach dem Maximumprinzip von Pontryagin erzeugt.

Eine weitere Möglichkeit verzerrte Lageführungsgrößen zu erhalten, beruht auf der Forderung nach Kompensation des Übertragungsverhaltens der Lageregelung. Zur Durchführung dieser Aufgabe wird eine Einrichtung benötigt, die auf sie einwirkende Signale übersteuert und somit verzerrt. Die von dieser Vorsteuereinrichtung gelieferten Signale wirken dann als Eingangsgrößen auf die ursprünglichen Lageregelungen ein. An deren Ausgang treten Lage-Istgrößen auf, mit denen geforderte Toleranzen einzuhalten sind. Signalmäßig betrachtet wirken die Lageregelungen auf die verzerrten Lageführungsgrößen wie Tiefpaßfilter. In /7/ wird auf eine Vorsteuerung hingewiesen, die von der näherungsweisen Kompensation des Übertragungsverhaltens der Lageregelung ausgeht. Verwendet wird ein Digitalrechner. Die Näherung besteht darin, bei geradliniger Bewegung Lageführugsgrößen zu erzeugen, die den Schleppabstand zu Null machen sowie zu Beginn und am Ende der Bewegung einen Impuls überlagert haben.
Über die Breite und Höhe dieses Impulses werden keine Aussagen gemacht. Der Einfluß auf Bahnabweichungen und Bewegungskenngrößen wird nicht untersucht. Für die Anwendung der Führungsgrö -

ßenvorsteuerung zur Verzerrung der Lageführungsgrößen ist es jedoch notwendig, ein allgemeines Verfahren zu besitzen, mit dem die Vorsteuereinrichtung ermittelt werden kann. Hierzu muß auch der Einfluß auf Bahnen und Bewegungsvorgänge bekannt sein. Die zugehörigen Untersuchungen und die Folgerungen für gesteuerte Werkzeugmaschinen enthält Kapitel 4.

Bei der Führungsgrößenglättung wirken auf die Lageregelungen Signale ein, die weniger stark von deren Übertragungsverhalten beeinflußt werden als die herkömmlichen Führungsgrößen. Eingesetzt wird die Führungsgrößenglättung bis jetzt vereinzelt zur Schonung der Werkzeugmaschinen bei Positioniervorgängen mit Eilganggeschwindigkeit /8/. Die erforderlichen Einstellungen erfolgen nach Erfahrungswerten ohne direkten Bezug zu den Parametern und Kenngrößen der Lageregelungen. Auf die Möglichkeit zur Verbesserung der Bahntreue durch angepaßte Führungsgrößen wird in /9/ hingewiesen. Diese stellen geglättete Führungsgrößen dar. Die Ausführungen hierüber sagen nichts aus über die Auswirkungen auf Bahnabweichungskenngrößen und Bewegungskenngrößen. Aussagen zur Einstellung geeigneter Werte zur Glättung der Führungsgrößen werden nicht gemacht. Damit die Führungsgrößenglättung sinnvoll sowohl zur Schonung der Werkzeugmaschinen als auch zur Verbesserung der Bahntreue eingesetzt werden kann, müssen die Zusammenhänge zwischen den geglätteten Führungsgrößen und den Bahnabweichungs- und Bewegungskenngrößen ermittelt werden. Die Untersuchungen dazu enthält Kapitel 5 zusammen mit Diagrammen, die eine Festlegung geeigneter Einstellwerte erlauben.

2.2 Bewertungsgrößen

Die analytischen Erfassung der dynamischen Bahnabweichungen und der zugehörigen Bewegungsvorgänge mit den auftretenden Beanspruchungen erfordert die Festlegung von Bewertungsgrößen.

Diese müssen sich eignen für

- Vergleich der Verfahren
- Messungen
- Ermittlung von Einstellwerten
- Auslegung entsprechender Einrichtungen
- Auslegung der Lageregelungen .

Es sind dies die Bahnabweichungs- und die Bewegungskenngrößen.

2.2.1 Bahnabweichungskenngrößen

Die Bahnabweichungskenngrößen beziehen sich auf die Abweichungen beim Fahren von Ecken. Hier ist die Wirkung des Übertragungsverhaltens der Lageregelung am ausgeprägtesten. Als Testbahn eignet sich besonders eine Ecke aus zwei Geradenstücken. Die Richtungsänderung wird durch den Winkel ψ_0 gekennzeichnet. Der Startwinkel φ_0 kennzeichnet die Ausgangsrichtung der Bahn. Als Bahnabweichungskenngrößen dienen gemäß Bild 2.02 /2/:

1. Überschwingabweichung $ü_a$
2. Eckenabweichung e_a
3. Bahnabweichungsfläche A_B

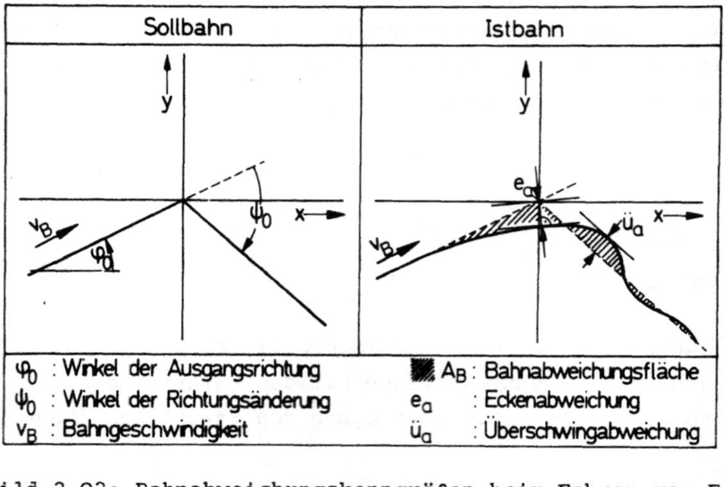

Bild 2.02: Bahnabweichungskenngrößen beim Fahren von Ecken

Bei linearen Systemen sind die dynamischen Bahnabweichungen beim Fahren einer 90°-Ecke ($\psi_{O} = 90^{o}$) am größten. Bezüglich der Lage der Testbahn zu den natürlichen Achsen der Werkzeugmaschine ist in /11/ gezeigt worden, daß der Bahnistverlauf davon unabhängig ist. Voraussetzung ist das übereinstimmende lineare Übertragungsverhalten der an der Bewegung beteiligten Lageregelungen.

2.2.2 Bewegungskenngrößen

Die Bewegungskenngrößen beziehen sich auf die einzelnen an der Bahnerzeugung beteiligten Lageregelungen. Sie kennzeichnen die Aussteuerbereiche und die Beanspruchbarkeit der Lageregelungselemente. Sie lassen sich aus den inneren Systemgrößen der Lageregelung ermitteln. Es sind dies:

1. Istbeschleunigung bzw. - verzögerung $a_i(t)$
2. Istgeschwindigkeit $v_i(t)$
3. Sollgeschwindigkeit $v_s(t)$.

Als Bewegungskenngrößen dienen die Maximalwerte dieser Systemgrößen. Die maximale Istbeschleunigung bzw. -verzögerung a_{imax} dient zur Kennzeichnung der dynamischen Beanspruchbarkeit des Vorschubantriebs und der mechanischen Übertragungsglieder. Die maximale Istgeschwindigkeit v_{imax} legt den Aussteuerbereich des Antriebs fest. Die maximale Sollgeschwindigkeit v_{smax} bestimmt den Aussteuerbereich der Lageregeleinrichtung. Bei linearen Lageregelungssystemen sind diese Maximalwerte proportional zur Änderung der Führungsgeschwindigkeit Δv_f. Bei einer Richtungsumkehr in einer Achse kann $\Delta v_{fmax} = 2 v_B$ sein, wobei v_B die Bahngeschwindigkeit bedeutet. Durch Normierung auf die Führungsgeschwindigkeitsänderung ist es möglich, die Ergebnisse unabhängig von diesem Parameter darzustellen. Bei nichtlinearen Lageregelsystemen ist dies im allgemeinen nicht möglich. Hier geht die Führungsgeschwindigkeitsänderung stark in das Ergebnis ein. Sie wird bestimmt durch die Richtungsänderung.

2.3 Einflußgrößen

Die Durchführung der Untersuchung zur weiteren Reduzierung der dynamischen Bahnabweichungen bzw. der sie verursachenden Signalverzerrungen erfordert die Kenntnis der Einflußgrößen. Diese ergeben sich aus der Analyse des Übertragungsverhaltens der Lageregelungen und der bis jetzt üblichen Lageführungsgrößen zur Erzeugung von Geradenstücken, Kreis- und Parabelbögen, den elementaren Bahnelementen (VDI E3427).

2.3.1 Übertragungsverhalten der Lageregelungen numerisch bahngesteuerter Werkzeugmaschinen

Das Übertragungsverhalten der Lageregelungen beschreibt deren Signalübertragungseigenschaften. Es stellt die eindeutige Zuordnung zwischen den als Systemreaktion (Ausgangsgröße) /12/ der Lageregelung auftretenden Lageistgrößen $s_i(t)$ und den als Systemerregung (Eingangsgröße) /12/ wirkenden Lageführungsgrössen $s_f(t)$ her.

Bei linearen, zeitinvarianten Systemen wird das Übertragungsverhalten durch die Gewichtsfunktion g(t) oder die Übertragungsfunktion F(p) analytisch dargestellt (DIN 19229). Dabei gilt

$$F(p) = L\{g(t)\}$$

mit

$$p = p_0 + j\omega \quad ,$$

wobei L die Laplace-Transformierte bedeutet. Für $p_0 = 0$ wird $p = j\omega$. Die hiermit entstehende Übertragungsfunktion wird Frequenzgang $F(j\omega)$ genannt (DIN 19229).

Bei nichtlinearen Systemen ist das Übertragungsverhalten nur durch Funktionalbeziehungen und Zustandsgrößen im Zeitbereich beschreibbar.

Graphisch wird der wirkungsmäßige Zusammenhang in einem System mit Hilfe von Blockschaltbildern gekennzeichnet. Diese geben außer über die Systemstruktur auch Auskunft über die Parameter, die inneren Systemgrößen und deren Verknüpfung.

Grundlage der Analyse des Übertragungsverhaltens der Lageregelungen und ihrer möglichen Kennzeichnungsformen ist die Kenntnis ihres prinzipiellen gerätetechnischen Aufbaus. An den zugehörigen Funktionsgruppen müssen sich dann die Blockschaltbilder orientieren.

2.3.1.1 Aufbau der Lageregelung

Den bei numerisch bahngesteuerten Werkzeugmaschinen üblichen Aufbau der Lageregelungen zeigt Bild 2.03.

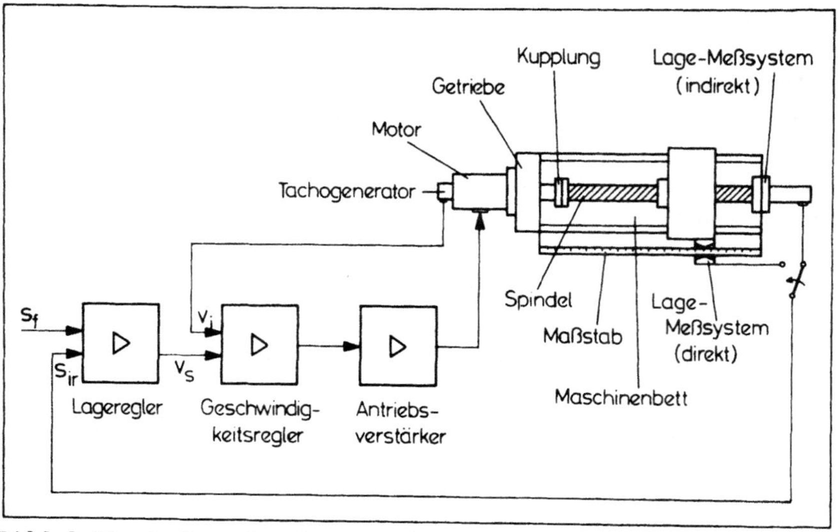

Bild 2.03: Aufbau der Lageregelung eines Werkzeugmaschinenschlittens für translatorische Bewegungen

Danach wird der Maschinenschlitten in der Regel von einem drehzahlgeregelten Gleichstrom- oder Hydro-Motor über ein Getriebe, eine Spindel und eine Spindelmutter bewegt. Ein rotatorisches oder translatorisches Lagemeßsystem erfaßt indirekt oder direkt die Position des Schlittens. Die hierbei ermittelte Lageregelgröße $s_{ir}(t)$ wird selbsttätig mit der vom Interpolator gelieferten Lageführungsgröße $s_f(t)$ verglichen. Aufgrund des Vergleichs entsteht die Lageregelabweichung $s_a(t)$. Aus dieser bildet der Lageregler die Sollgeschwindigkeit $v_s(t)$ als Stellgröße, die auf den Vorschubantrieb als Teil der Lageregelstrecke einwirkt. Der Vorschubantrieb beinhaltet dabei gemäß /1/ den drehzahlgeregelten Motor sowie alle daran angekoppelten Maschinenelemente - im folgenden mechanische Übertragungsglieder genannt - bis hin zum Kraftangriffspunkt am Schlitten. Dadurch ist die für die Istbahnerzeugung als Aufgabengröße der Lageregelung entscheidende Systemreaktion meistens nicht identisch mit der für die Regelung erfaßten Lageregelgröße $s_{ir}(t)$.

Die Unterschiede in den Blockschaltbildern der Lageregelungen beruhen auf dem von der Maschinenkonstruktion abhängigen Verhalten der Vorschubantriebe. Hierdurch können auch Nichtlinearitäten auftreten. Solche Nichtlinearitäten werden durch Begrenzungen und Umkehrspannen /13/ verursacht. Die Begrenzungen werden im allgemeinen nur bei Übersteuerungen und Überbeanspruchung wirksam. Die Umkehrspanne tritt auf bei Spiel in den Maschinenelementen und bei trockener Reibung in Verbindung mit der endlichen Steifigkeit der Maschinenelemente /13/.

Lageregelungen ohne Nichtlinearitäten bewirken lineare Signalverzerrungen. Nichtlineare Signalverzerrungen entstehen bei Lageregelungen mit Nichtlinearitäten. Gemäß /2/ sind die Einflüsse der Nichtlinearitäten so klein wie möglich zu halten, um das Prinzip der linearen Überlagerung nicht zu verletzen, auf dem die Bahnerzeugung beruht.

2.3.1.2 Blockschaltbilder der Lageregelung

Nachfolgend wird das Übertragungsverhalten der Lageregelungen in seinen häufigsten Erscheinungsformen mit Hilfe von Block - schaltbildern und Frequenzgängen dargestellt. Diese sind das Ergebnis zahlreicher Untersuchungen an numerisch bahngesteuerten Werkzeugmaschinen /14/, /15/, /16/. Die unterschiedlichen Blockschaltbilder und Frequenzgänge sind die Folge der Maschinenkonstruktion und der Maschinenausführung. Sie müssen bei einer gezielten Beeinflussung der Lageführungsgrößen und des Übertragungsverhaltens zur Reduzierung der dynamischen Bahnabweichungen bekannt sein.

2.3.1.2.1 Grundstruktur der Lageregelung

Bei ausreichend steifen, rückwirkungs- und spielfreien mechanischen Übertragungsgliedern sowie einer sich nicht auswirkenden elektrischen Schaltungstechnik kann den Vorschubantrieben das Verhalten von Schwingungsgliedern zugeordnet werden. Das zugehörige Blockschaltbild der Lageregelung einer Maschinenachse zeigt Bild 2.04.

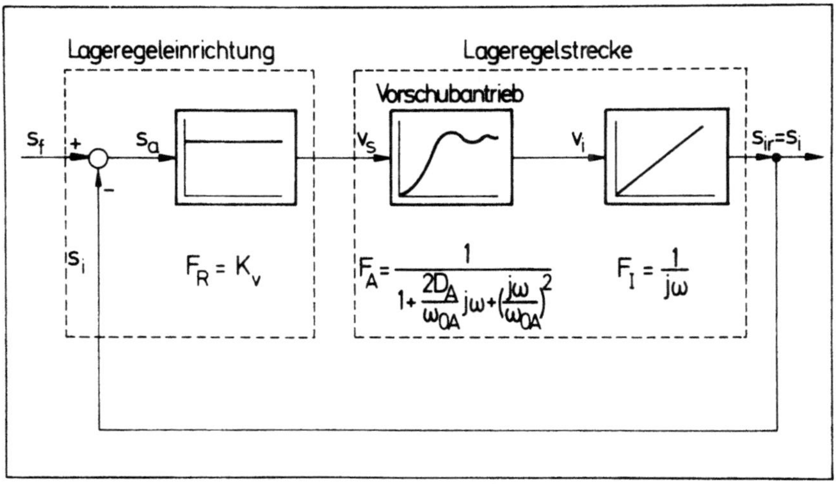

Bild 2.04: Blockschaltbild der Grundstruktur einer Lageregelung

Das Blockschaltbild stellt hier einen Regelkreis mit drei linearen Übertragungsgliedern dar. Das erste Glied gibt das Proportionalverhalten des Lagereglers wieder, mit der Geschwindigkeitsverstärkung K_v als Verstärkungsfaktor. Der zweite Block beschreibt das Übertragungsverhalten des gesamten Vorschuban - triebs durch das eines Schwingungsgliedes mit der Kennkreisfrequenz ω_{OA} und dem Dämpfungsgrad D_A als Kenngrößen. Der dritte Block kennzeichnet die grundlegende Eigenschaft eines jeden Lageregelkreises, der Integration der Istgeschwindigkeit $v_i(t)$ zum Weg $s_i(t)$. Schwingungsglied und Integralglied bilden das Übertragungsverhalten der Lageregelstrecke nach. Eingangsgröße dieses Lageregelkreises ist die Lageführungsgröße $s_f(t)$. Die Lageregelgröße $s_{ir}(t)$ als Ausgangsgröße ist identisch mit der Lage-Istgröße $s_i(t)$ als der Aufgabengröße (DIN 19226) der Lageregelung. Die inneren Systemgrößen sind die Sollgeschwindigkeit $v_s(t)$ und die Istgeschwindigkeit $v_i(t)$ sowie die Istbeschleunigung $a_i(t)$. Diese erscheint nicht explizit im Blockschaltbild, ist aber von besonderer Bedeutung bei der Beurteilung der Beanspruchung.

Das Übertragungsverhalten dieses Lageregelkreises wird durch folgende Übertragungsfunktion erfaßt:

$$F_{LRK}(p) = \frac{s_i(p)}{s_f(p)} = \frac{1}{1 - \dfrac{1}{F_O(p)}}$$

mit

$$F_O(p) = - F_R(p) \cdot F_A(p) \cdot F_I(p)$$

$$= - \frac{K_v}{p} \cdot \frac{1}{1 + 2\, D_A \dfrac{p}{\omega_{OA}} + \left(\dfrac{p}{\omega_{OA}}\right)^2} \quad .$$

Hierbei sind: $F_{LRK}(p)$ die Übertragungsfunktion des Lageregelkreises, $F_O(p)$ die Übertagungsfunktion des geöffneten Lageregelkreises, $F_R(p)$ die Übertragungsfunktion des Lagereglers, $F_A(p)$ die Übertagungsfunktion des starren und rückwirkungsfreien Vorschubantriebs, $F_I(p)$ die Übertragungsfunktion des Integralgliedes.

Die Übertragungsfunktion der Lageregelung $F_L(p)$ ist bei dieser Struktur identisch mit der des Lageregelkreises. Es gilt

$$F_L(p) \quad = \quad F_{LRK}(p) \quad .$$

Die Bode-Diagramme von Vorschubantrieben mit dem Verhalten von Schwingungsgliedern sowie zugehöriger Lageregelkreise sind in den Bildern 2.05 und 2.06 dargestellt.

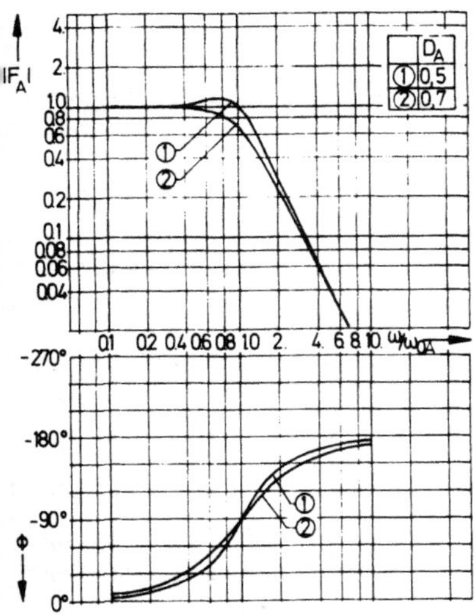

Bild 2.05: Bode-Diagramm eines Vorschubantriebs mit dem Verhalten eines Schwingungsgliedes

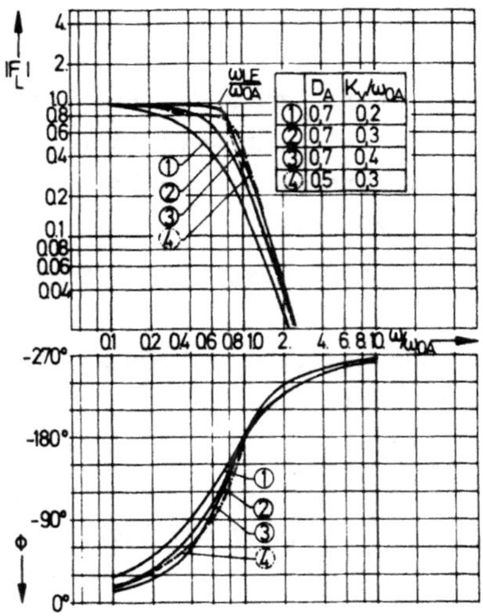

Bild 2.06: Bode-Diagramm der Lageregelung. Zugehöriger Antrieb besitzt das Verhalten eines Schwingungsgliedes

Der Verlauf dieser Frequenzkennlinien ist abhängig von den angeführten Lageregelkreiskenngrößen. Zur experimentellen Parameteroptimierung wird häufig die Eckkreisfrequenz ω_{LE} herangezogen. Sie ergibt sich aufgrund der Asymptote des Amplitudenganges für $\omega \rightarrow \infty$ im Bode-Diagramm, wenn diese den Betrag eins annimmt. Durch die Parameteroptimierung wird in der Praxis $\overline{\omega_{LE} \approx 0{,}7 \cdot \omega_{OA}}$ angestrebt /15/.

2.3.1.2.2 Struktur der Lageregelung mit Berücksichtigung der mechanischen Übertragungsglieder

Durch die konstruktive Ausführung der Werkzeugmaschine ist nicht immer eine rückwirkungsfreie Ankopplung der mechanischen Übertragungsglieder an den drehzahlgeregelten Motor gewährleistet. Dies führt zu einer mehr oder weniger starken Beeinflussung des Amplituden- und Phasenganges des Drehzahlregelkreises. Entscheidend dabei sind:

1. Verhältnis der Kennkreisfrequenzen von Drehzahlregelkreis und mechanischen Übertragungsgliedern.
2. Verhältnis von Fremd- und Eigenträgheitsmoment des Motors.
3. Dämpfungsgrad der mechanischen Übertragungsglieder.

Wie Messungen gezeigt haben, können die Auswirkungen der mechanischen Übertragungsglieder auf das Übertragungsverhalten der Vorschubantriebe bei einem Dämpfungsgrad $D_{mech} > 0{,}1$ und einem Verhältnis der zugehörigen Kennkreisfrequenz ω_{mech} zur Kennkreisfrequenz ω_{OA} des drehzahlgeregelten Vorschubantriebs von $\omega_{mech}/\omega_{OA} > 2{,}5$ durch das Verhalten eines Totzeitgliedes approximiert werden /14/, /15/. Die bei elektrischen Antriebssystemen durch Stromrichterschaltungen bedingten Totzeiten sind mitberücksichtigt. Für die resultierende Totzeit ergeben sich Werte zwischen 2ms und 20 ms. Das Übertragungsverhalten der Lageregelung wird somit durch das eines Blockschaltbildes gemäß Bild 2.07 angenähert.

Für die Übertragungsfunktion des geöffneten Lageregelkreises gilt mit der Übertragungsfunktion $F_T(p)$ des Totzeitgliedes und der Übertragungsfunktion $F_{AO}(p)$ des Schwingungsgliedes bei steifen mechanischen Übertragungsgliedern

$$F_O(p) = - F_R(p) \cdot F_{AO}(p) \cdot F_T(p) \cdot F_I(p)$$

bzw.

$$F_O(p) = - \frac{K_v}{p} \cdot \frac{e^{-p \cdot T_T}}{1 + 2 D_A \frac{p}{\omega_{OA}} + \left(\frac{p}{\omega_{OA}}\right)^2}$$

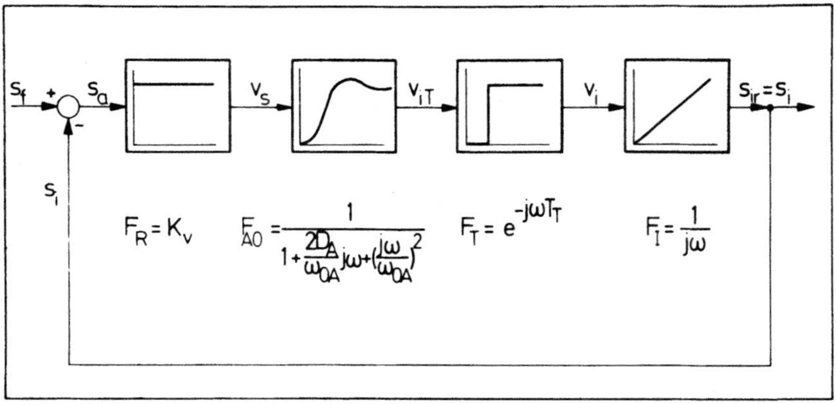

Bild 2.07: Blockschaltbild der Lageregelung mit Totzeitglied

Die Bode-Diagramme von Vorschubantrieben deren Verhalten durch die Reihenschaltung eines Schwingungsgliedes und eines Totzeitgliedes annäherbar ist, zeigt Bild 2.08. Für die zugehörige Übertragungsfunktion gilt

$$F_A(p) = F_{AO}(p) \cdot F_T(p) .$$

Die Bode-Diagramme entsprechender Lageregelkreise bzw. Lageregelungen sind in Bild 2.09 zu sehen.

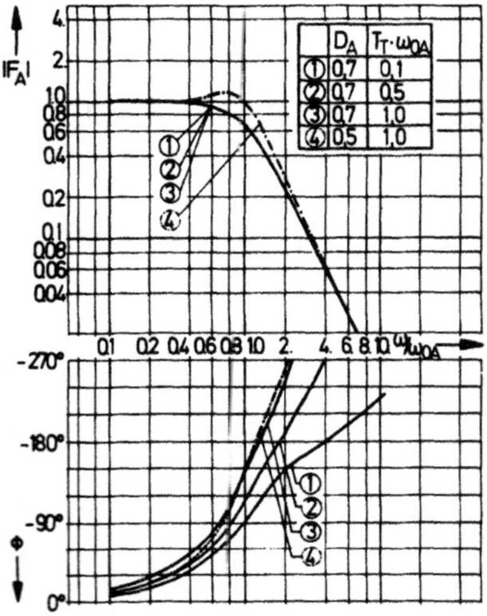

Bild 2.08: Bode-Diagramm von Vorschubantrieben mit dem Verhalten eines Schwingungs- und eines Totzeitgliedes

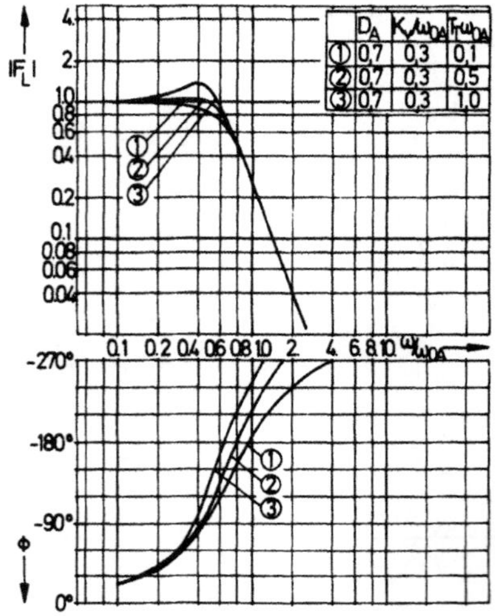

Bild 2.09: Bode-Diagramm der Lageregelung mit einem Schwingungs- u. Totzeitglied zur Kennzeichnung des Antriebsverhaltens

Bei Maschinenkonstruktionen, für die das Vehältnis der Kennkreisfrequenzen $\omega_{mech}/\omega_{OA} < 2{,}5$ ist, darf die Auswirkung der mechanischen Übertragungsglieder nicht mehr durch das Verhalten eines Totzeitgliedes angenähert werden. Ihre Auswirkungen müssen zumindest durch ein zweites Schwingungsglied entsprechend dem Blockschaltbild in Bild 2.10 dargestellt werden. Kenngrößen dieses Schwingungsgliedes sind die mechanische Kennkreisfrequenz ω_{mech} und der Dämpfungsgrad D_{mech}. Die Beschränkung auf diese beiden Größen ist möglich, da häufig ein mechanisches Übertragungsglied das Zeitverhalten des gesamten mechanischen Übertragungssystems weitgehend bestimmt /2/, /14/, /15/, /16/.

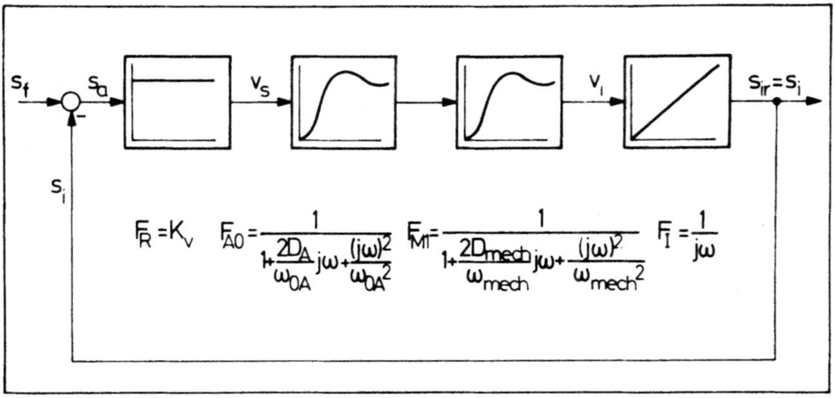

Bild 2.10: Blockschaltbild der Lageregelung mit 2 Schwingungs - gliedern in der Lageregelstrecke

Das Übertragungsverhalten des Vorschubantriebs entspricht somit demjenigen der Reihenschaltung zweier Schwingungsglieder. Es gilt

$$F_A(p) = F_{AO}(p) \cdot F_{M1}(p) \quad .$$

Hierbei sind $F_{AO}(p)$ die Übertragungsfunktion des steifen Antriebssystems und $F_{M1}(p)$ die Übertagungsfunktion der mechanischen Übertragungsglieder innerhalb des Lageregelkreises.

Die Übertragungsfunktion des geöffneten Lageregelkreises mit den beiden Schwingungsgliedern in der Lageregelstrecke lautet

$$F_O(p) = -\frac{K_v}{p} \cdot \frac{1}{1 + 2D_A \frac{p}{\omega_{OA}} + \left(\frac{p}{\omega_{OA}}\right)^2} \cdot \frac{1}{1 + 2D_{mech} \frac{p}{\omega_{mech}} + \left(\frac{p}{\omega_{mech}}\right)^2}$$

Die Bode-Diagramme entsprechender Vorschubantriebe und der zugehörigen Lageregelungen unter dem ausgeprägten Einfluß mechanischer Übertragungsglieder zeigen die Bilder 2.11 und 2.12.

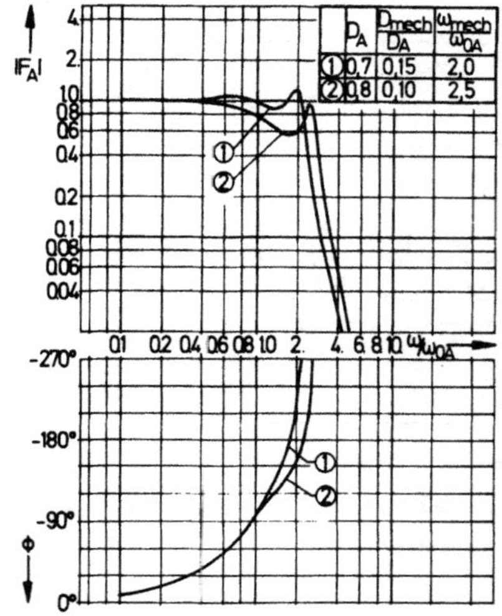

Bild 2.11: Bode-Diagramm eines Vorschubantriebs unter dem Einfluß der mechanischen Übertragungsglieder

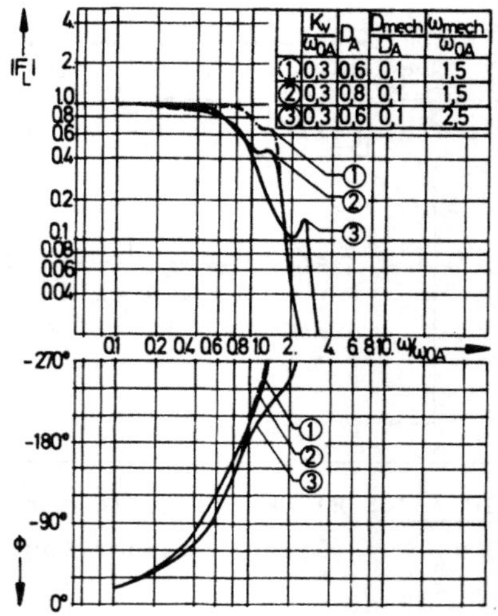

Bild 2.12: Bode-Diagramm der Lageregelung mit zwei Schwingungsgliedern in der Lageregelstrecke

Bei direkter als auch indirekter Lagemessung der einzelnen Werkzeugmaschinenschlitten liegen zwischen den lagegeregelten Bewegungseinheiten und dem Werkzeugangriffspunkt am Werkstück noch zahlreiche Maschinenelemente. Die Auswirkung dieser Elemente auf das Übertragungsverhalten der Lageregelung wird ebenfalls durch das eines Schwingungsgliedes nachgebildet, wenn sie nicht genügend steif sind und nicht auf den Geschwindigkeitsregelkreis zurückwirken. $F_{M2}(p)$ ist die Übertragungsfunktion dieses Schwingungsgliedes außerhalb des Lageregelkreises. Das Blockschaltbild der Lageregelung besteht damit gemäß Bild 2.13 aus der Reihenschaltung eines Lageregelkreises mit der Übertragungsfunktion $F_{LRK}(p)$ und dem Schwingungsglied mit der Übertragungsfunktion $F_{M2}(p)$. Lage-Istgröße $s_i(t)$ und Lageregelgröße $s_{ir}(t)$ sind dabei nicht mehr identisch.

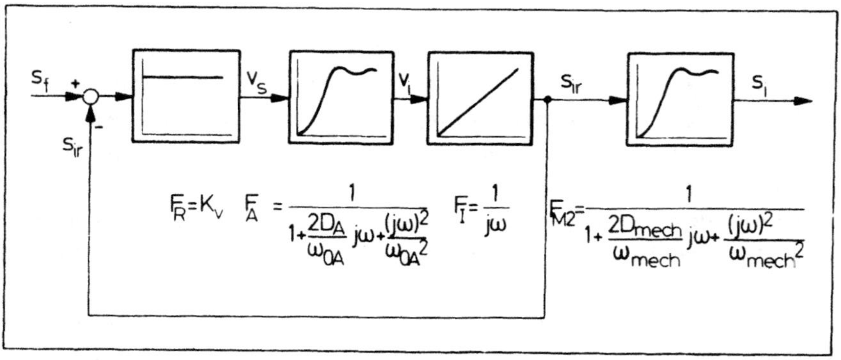

<u>Bild 2.13</u>: Blockschaltbild der Lageregelung mit elastisch angekoppelten mechanischen Übertragungsgliedern außerhalb des Lageregelkreises

Die Übertragungsfunktion der Lageregelung lautet in diesem Fall

$$F_L(p) \quad = \quad F_{LFK}(p) \cdot F_{M2}(p) .$$

Das Bode-Diagramm des Frequenzganges einer derartigen Lageregelung zeigt <u>Bild 2.14</u>.

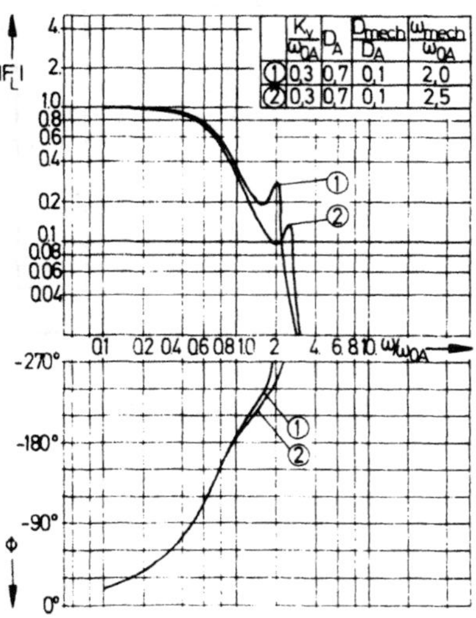

<u>Bild 2.14</u>: Bode-Diagramm der Lageregelung, bei der mechanische Übertragungsglieder außerhalb des Lageregelkreises wirken

2.3.1.2.3 Struktur der Lageregelung mit Berücksichtigung der Umkehrspanne

Der Einfluß der Umkehrspanne auf das Übertragungsverhalten kann mit guter Näherung durch das Verhalten eines Hysteresegliedes nachgebildet werden /13/, /17/. Die Anordnung des Hysteresegliedes im Blockschaltbild hängt vom Meßort für die Lageregelgröße ab. Bei direkter Lagemessung ist das Hystereseglied Teil der Lageregelstrecke und befindet sich somit gemäß Bild 2.15 innerhalb des Lageregelkreises. Die Lageregelgröße $s_{ir}(t)$ ist identisch mit der Lage-Istgröße $s_i(t)$. Bei indirekter Lagemessung befindet sich das Hystereseglied entsprechend Bild 2.16 außerhalb des Lageregelkreises. Die Lageregelgröße ist nicht mehr identisch mit der Lage-Istgröße des nichtlinearen Systems. Die Ermittlung eines Frequenzganges ist nicht mehr möglich, da hier die Amplitudengröße der Erregerfunktion mit in das Ergebnis eingeht. Kenngröße des Hysterese-Gliedes ist die Hysterese (DIN 19226) von der Größe $2e_u$.

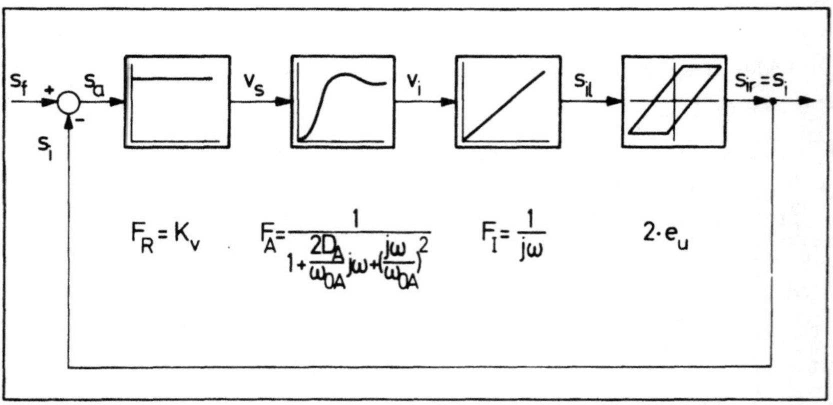

Bild 2.15: Blockschaltbild der Lageregelung mit Hysterese bei direkter Lagemessung

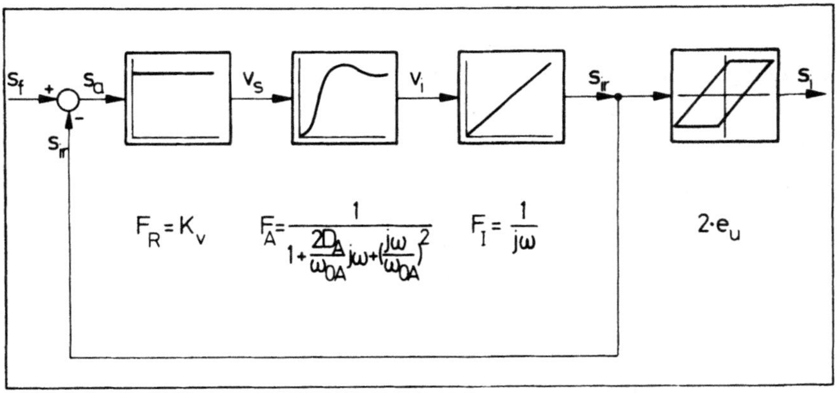

Bild 2.16: Blockschaltbild der Lageregelung mit Hysterese bei indirekter Lagemessung

2.3.2 Lageführungsgrößen bei konventioneller Führungsgrößenerzeugung

Die Lageführungsgrößen werden bei konventioneller Führungsgrössenerzeugung unabhängig vom Übertragungsverhalten der Lageregelungen gebildet. Es sind Zeitfunktionen. Deren Verlauf wird bestimmt durch /1/:

- die zu durchfahrenden Bahnstütz- und Hilfspunkte,
- die Interpolationsart und
- die geforderte Bahngeschwindigkeit.

Die Bahnstützpunkte geben im wesentlichen die Schnittstellen der zur Gesamtbahn aneinandergereihten elementaren Bahnelemente an. Die Hilfspunkte sind für Ermittlung der Lageführungsgrößen zur Erzeugung von Kreis- und Parabelbögen erforderlich.

Die Interpolationsart - Linear-, Zirkular- oder Parabel-Interpolation /1/ - kennzeichnet die den Interpolationsverfahren zugrundegelegten Parametergleichungen der Bahnelemente. Unab - hängig Veränderliche der Parametergleichungen ist der Bahn- oder Kurvenparameter ϑ .

Das Interpolationsverfahren gibt die numerische Berechnungsmethode an, mit der die Lageführungsgrößen aus den gegebenen Informationen berechnet werden. Bedingung für alle Berechnungsverfahren ist die Einhaltung der Bahnfahrbedingungen. Diese bedeuten

- Übereinstimmung zwischen berechnetem und gewünschtem Anfangs- und Endpunkt eines Bahnelements,
- Übereinstimmung der Bogenlänge l der gewünschten Bahn und der durch die Berechnung entstehenden Sollbahn,
- Übereinstimmung der Bahntangenten zwischen gewünschter Bahn und der Sollbahn.

Für die Bahn gilt im kartesischen Koordinatensystem mit dem Radiusvektor $\mathfrak{r}$, den Parametergleichungen $x = x(\vartheta)$, $y = y(\vartheta)$, $z = z(\vartheta)$ und den Einheitsvektoren $\mathfrak{i}, \mathfrak{j}, \mathfrak{k}$ /18/

$$\mathfrak{r} = x \cdot \mathfrak{i} + y \cdot \mathfrak{j} + z \cdot \mathfrak{k}$$

Da der Bahnparameter $\vartheta = \vartheta(t)$ eine Funktion der Zeit t ist, definiert der Radiusvektor $\mathfrak{r}(\vartheta(t))$ die Bewegung eines Punktes im Raum. Die Raumkurve wird zu Bahnkurve /19/. Die Bogenlänge l der Kurve berechnet sich zu

$$l = \int_0^{\vartheta} \sqrt{x'^2 + y'^2 + z'^2} \cdot d\vartheta \quad ,$$

wobei x',y',z' jeweils die Ableitungen der Parametergleichungen nach dem Parameter ϑ darstellen. Die Bogenlänge l gibt den auf der Bahnkurve zurückgelegten Weg an.

Die Bedingung der Übereinstimmung der Bahntangenten wird mit Hilfe der Bahngeschwindigkeitskomponenten in Gleichungen gebracht. Den zur Bahn tangentialen Geschwindigkeitsvektor $\mathfrak{v}_B$ liefert die 1. Ableitung des Radiusvektors nach der Zeit /19/. Die zugehörige Gleichung lautet

$$\mathfrak{v}_B = \frac{d\,\mathfrak{r}}{dt}$$

bzw.

$$\mathfrak{v}_B = \frac{d\vartheta}{dt} \cdot \frac{d\,\mathfrak{r}}{d\vartheta} = \dot{\vartheta} \cdot \mathfrak{r}' \quad .$$

Hierbei bedeuten: $\dot{\vartheta}$ die 1. Ableitung des Parameters nach der Zeit t und $\mathfrak{r}'$ die Ableitung des Radiusvektors $\mathfrak{r}$ nach dem Parameter ϑ .

In kartesischen Koordinaten ist

$$\mathfrak{v}_B = v_x \cdot \mathfrak{i} + v_y \cdot \mathfrak{j} + v_z \cdot \mathfrak{k} \quad ,$$

wobei v_x, v_y, v_z die Geschwindigkeitskomponenten in den 3 Achsrichtungen darstellen. Es gilt für sie:

$$v_x = \frac{dx(\vartheta)}{dt} = \dot{\vartheta} \cdot x'$$

$$v_y = \frac{dy(\vartheta)}{dt} = \dot{\vartheta} \cdot y'$$

$$v_z = \frac{dz(\vartheta)}{dt} = \dot{\vartheta} \cdot z' \quad .$$

Für den Betrag des Geschwindigkeitsvektors ergibt sich

$$|\mathfrak{v}_B| = v_B = \sqrt{v_x^2 + v_y^2 + v_z^2} \quad .$$

Die Tangentenbedingungen lassen sich damit folgendermaßen darstellen:

$$\frac{dx}{dy} = \frac{x'}{y'} = \frac{v_x}{v_y}$$

$$\frac{dx}{dz} = \frac{x'}{z'} = \frac{v_x}{v_z}$$

$$\frac{dy}{dz} = \frac{y'}{z'} = \frac{v_y}{v_z}$$

Diese Gleichungen besagen, daß in jedem Augenblick das Verhältnis der Geschwindigkeitskomponenten gleich der Steigung einer ebenen Bahnkurve sein muß, die durch die Parallelprojektion der Raumkurve auf die Hauptebenen eines räumlichen kartesischen Koordinatensystems entsteht.

Für die bei numerisch bahngesteuerten Werkzeugmaschinen üblichen Bahnelemente - Gerade, Kreis- und Parabelbogen - sind die zugehörigen Parametergleichungen und Tangentenbedingungen in Bild 2.17 zusammengestellt.

Aus den in Bild 2.17 angegebenen Gleichungen für geradlinige und kreisförmige Bewegungen geht hervor:

1. Die Bogenlänge l ist proportional zu $\vartheta(t)$.
2. Der Betrag der Bahngeschwindigkeit v_B ist proportional zu $\dot{\vartheta}(t)$.

Bei parabelförmigen Bewegungen ergibt sich:

		Gerade	Kreisbogen	Parabelbogen
Bahnelement		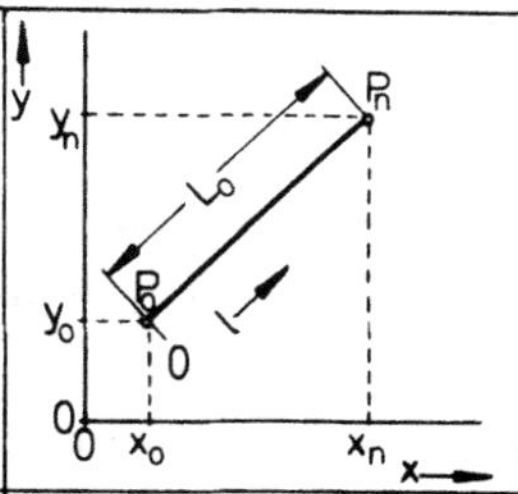	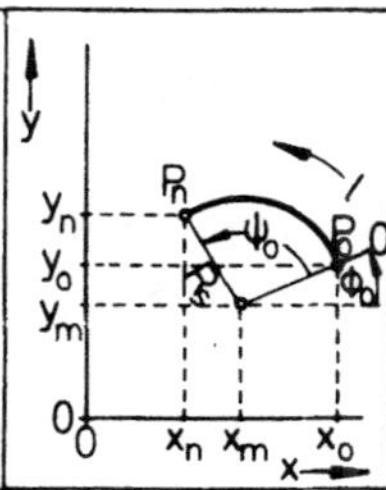	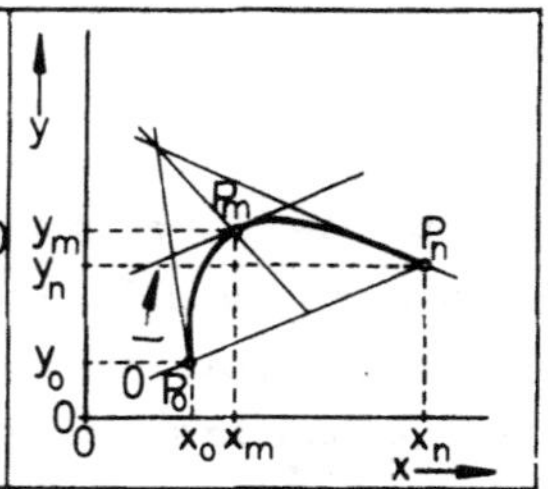
Parameter-gleichungen	Ebene	$x = a_{s0} + a_{s1}\vartheta$ $y = b_{s0} + b_{s1}\vartheta$	$x - x_m = R_s \cos(\vartheta + \phi_0)$ $y - y_m = R_s \sin(\vartheta + \phi_0)$	$x = a_{s0} + a_{s1}\cdot\vartheta + a_{s2}\vartheta^2$ $y = b_{s0} + b_{s1}\cdot\vartheta + b_{s2}\vartheta^2$
	Raum	$z = c_{s0} + c_{s1}\vartheta$	$z = c_{s0} = \text{konst.}$	$z = c_{s0} + c_{s1}\cdot\vartheta + c_{s2}\vartheta^2$
Definitions-bereich		$0 \leqq \vartheta \leqq 1$	$0 \leqq \vartheta \leqq \psi_0$	$0 \leqq \vartheta \leqq 1$
Koeffizien-tenbestim-mung		$\vartheta = 0,\ P_0$ | $\vartheta = 1,\ P_n$	$\vartheta = 0,\ P_0$ | $\vartheta = \psi_0,\ P_n$	$\vartheta = 0, P_0$ | $\vartheta = 1/2, P_m$ | $\vartheta = 1, P_n$
	Ebene	$a_{s0} = x_0$ | $a_{s1} = x_n - x_0$ $b_{s0} = y_0$ | $b_{s1} = y_n - y_0$	$x_0 - x_m = R_s \cdot \cos\phi_0$ | $x_n - x_m = R_s \cdot \cos(\phi_0 + \psi_0)$ $y_0 - y_m = R_s \cdot \sin\phi_0$ | $y_n - y_m = R_s \cdot \sin(\phi_0 + \psi_0)$	$a_{s0} = x_0$ | $\frac{a_{s1}}{2} + \frac{a_{s2}}{4} = x_m - x_0$ | $a_{s1} + a_{s2} = x_n - x_0$ $b_{s0} = y_0$ | $\frac{b_{s1}}{2} + \frac{b_{s2}}{4} = y_m - y_0$ | $b_{s1} + b_{s2} = y_n - y_0$
	Raum	$c_{s0} = z_0$ | $c_{s1} = z_n - z_0$	$c_{s0} = z_0$ | $c_{s0} = z_n$	$c_{s0} = z_0$ | $\frac{c_{s1}}{2} + \frac{c_{s2}}{4} = z_m - z_0$ | $c_{s1} + c_{s2} = z_n - z_0$
Bogenlänge		Ebene: $l = \vartheta\sqrt{a_{s1}^2 + b_{s1}^2} = L_0 \cdot \vartheta$, $L_0 = \sqrt{a_{s1}^2 + b_{s1}^2}$ Raum: $l = \vartheta\sqrt{a_{s1}^2 + b_{s1}^2 + c_{s1}^2} = L_0 \cdot \vartheta$, $L_0 = \sqrt{a_{s1}^2 + b_{s1}^2 + c_{s1}^2}$	$l = R_s \cdot \vartheta$	$l = \int_0^{\vartheta} \sqrt{S}\, d\vartheta$ $S = a_{s1}^2 + b_{s1}^2 + c_{s1}^2 + 4\vartheta(a_{s1}a_{s2} + b_{s1}b_{s2} + c_{s1}c_{s2}) + 4\vartheta(a_{s2}^2 + b_{s2}^2 + c_{s2}^2)$ Lösung: /18/
Geschwindig-keitskomponen-ten (translatorisch)		$v_x = a_{s1} \cdot \dot{\vartheta}$ $v_y = b_{s1} \cdot \dot{\vartheta}$ $v_z = c_{s1} \cdot \dot{\vartheta}$ $\mathfrak{V}_B = v_x\mathfrak{i} + v_y\mathfrak{j} + v_z\mathfrak{k}$	$v_x = -R_s \cdot \dot{\vartheta} \sin(\vartheta + \phi_0)$ $v_y = R_s \cdot \dot{\vartheta} \cos(\vartheta + \phi_0)$ $v_z = 0$	$v_x = \dot{\vartheta}(a_{s1} + 2a_{s2} \cdot \vartheta)$ $v_y = \dot{\vartheta}(b_{s1} + 2b_{s2} \cdot \vartheta)$ $v_z = \dot{\vartheta}(c_{s1} + 2c_{s2} \cdot \vartheta)$ $\mathfrak{V}_B = v_x\mathfrak{i} + v_y\mathfrak{j} + v_z\mathfrak{k}$
Bahnge-schwindigkeit (Betrag)	Ebene	$v_B = \dot{\vartheta} \cdot \sqrt{a_{s1}^2 + b_{s1}^2} = \dot{\vartheta} \cdot L_0$	$v_B = \dot{\vartheta} \cdot R_s$	$v_B = \dot{\vartheta} \cdot \sqrt{(a_{s1} + 2a_{s2}\vartheta)^2 + (b_{s1} + 2b_{s2}\vartheta)^2}$
	Raum	$v_B = \dot{\vartheta}\sqrt{a_{s1}^2 + b_{s1}^2 + c_{s1}^2} = \dot{\vartheta} \cdot L_0$		$v_B = \dot{\vartheta}\sqrt{(a_{s1} + 2a_{s2}\vartheta)^2 + (b_{s1} + 2b_{s2}\vartheta)^2 + (c_{s1} + 2c_{s2}\vartheta)^2}$
Tangenten-bedingung (translatorisch)		$\frac{dx}{dy} = \frac{v_x}{v_y} = \frac{a_{s1}}{b_{s1}}$ $\frac{dx}{dz} = \frac{v_x}{v_z} = \frac{a_{s1}}{c_{s1}}$ $\frac{dy}{dz} = \frac{v_y}{v_z} = \frac{b_{s1}}{c_{s1}}$	$\frac{dx}{dy} = \frac{v_x}{v_y} = -\tan(\vartheta + \phi_0)$	$\frac{dx}{dy} = \frac{v_x}{v_y} = \frac{a_{s1} + 2a_{s2}\vartheta}{b_{s1} + 2b_{s2}\vartheta}$ $\frac{dx}{dz} = \frac{v_x}{v_z} = \frac{a_{s1} + 2a_{s2}\vartheta}{c_{s1} + 2c_{s2}\vartheta}$ $\frac{dy}{dz} = \frac{v_y}{v_z} = \frac{b_{s1} + 2b_{s2}\vartheta}{c_{s1} + 2c_{s2}\vartheta}$

Bild 2.17: Parametergleichungen und Bahnfahrbedingungen zur Erzeugung von Geradenstücken, Kreis- u. Parabelbögen

1. Die Bogenlänge l ist nicht proportional zu $\vartheta(t)$
2. Der Betrag der Bahngeschwindigkeit v_B ist von $\vartheta(t)$ und $\dot{\vartheta}(t)$ abhängig.

Damit eine Bewegung erfolgt, ist ϑ = konstant nicht zulässig. Wird aus technologischen Gründen eine konstante Bahngeschwindigkeit gefordert, so können hierbei mit $\vartheta \neq$ konstant nur geradlinige und kreisbogenförmige Bewegungen durchgeführt werden. Dazu muß $\dot{\vartheta}$ = konstant sein. Der Parameter ϑ selbst ist dann proportional zur Zeit t. Wird diese Zeitproportionalität von $\vartheta(t)$ auch bei der parabelförmigen Bewegung zugrundegelegt, wie dies bei den konventionellen numerisch bahngesteuerten Werkzeugmaschinen geschieht, so ist die Bahngeschwindigkiet nicht mehr konstant.

Die Gleichungen der Tangentenbedingungen zeigen, daß bei der geradlinigen Bewegung keine Abhängigkeit von $\vartheta(t)$ besteht. Bei der kreisförmigen Bewegung ist diese Abhängigkeit nichtlinear und bei der parabelförmigen Bewegung gebrochen rational.

Durch die numerischen Verfahren ist der zeitliche Verlauf der unter Berücksichtigung der Bahnfahrbedingungen berechneten Lageführungsgrößen im Kleinen stufenförmig, also nicht stetig differenzierbar. Durch die Feinheit der Stufung (< 10 µm) kann der Verlauf der Lageführungsgrößen jedoch als quasistetig angesehen werden. Dies wird bei den nachfolgenden Ausführungen als gegeben vorausgesetzt.

Beispiele für den quasistetigen Verlauf der Lageführungsgrößen translatorisch bewegter Maschinenschlitten bei zeitproportionalem Kurvenparameter $\vartheta(t)$ zeigt <u>Bild 2.18</u>. Die zugehörigen Bahnen bestehen jeweils aus zwei Geradenspücken, Kreis- und Parabelbögen. Der Bahnparameter ist linear mit der Zeit verknüpft. Die hierauf beruhende Führungsgrößenerzeugung liefert die geschwindigkeitsgesteuerten Lageführungsgrößen und wird mit geschwindigkeitsgesteuerter Führungsgrößenerzeugung bezeichnet.

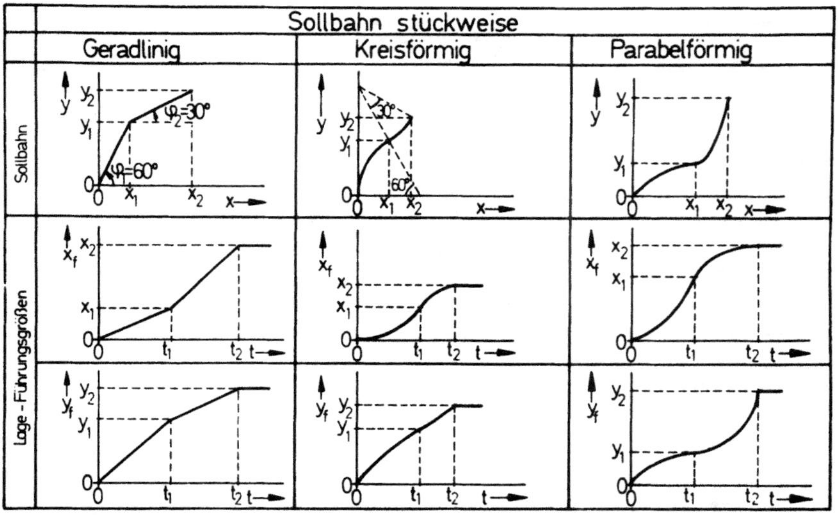

Bild 2.18: Lageführungsgrößen zur Erzeugung von Geradenstücken, Kreis- und Parabelbögen mit translatorisch bewegten Achsen bei konventioneller Führungsgrößenerzeugung

Wie aus dem Bild hervorgeht, ist der Verlauf der geschwindigkeitsgesteuerten Lageführungsgrößen zur Erzeugung der elementaren Bahnelemente

- abschnittsweise linear
- abschnittsweise sinus- und cosinusförmig
- abschnittsweise eine quadratische Funktion der Zeit.

Die 1. und 2. Ableitung der Lageführungsgrößen $s_f(t)$, im fogenden mit Führungsgeschwindigkeit $v_f(t)$ und Führungsbeschleunigung $a_f(t)$ genannt, besitzen entsprechend Bild 2.19 bei Anfahr-, Haltevorgängen und nicht kontinuierlichen Bahnrichtungsände - rungen sprungförmige Übergänge und Dirac-Impulsfunktionen. Sie entsprechen Knickstellen im Verlauf der Lageführungsgrößen. Diese werden durch das Tiefpaßverhalten der Lageregelungen nicht verzerrungsfrei übertragen /12/, /20/.

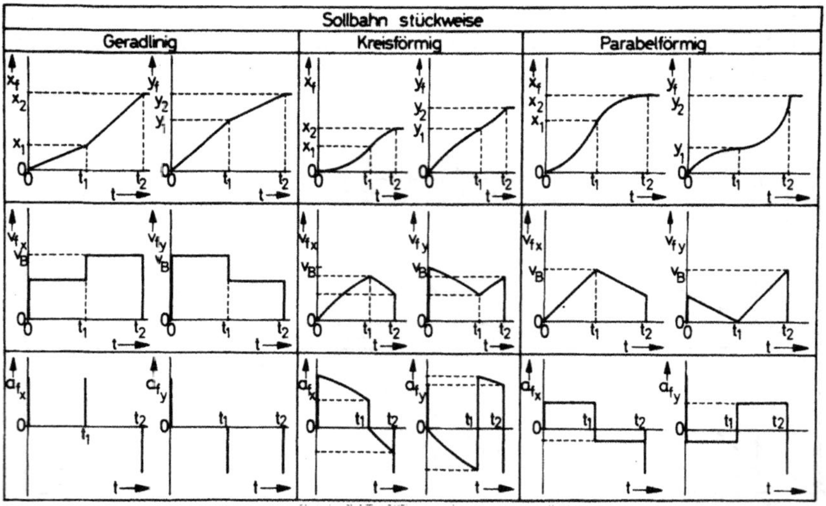

Bild 2.19: Führungsgeschwindigkeiten und Führungsbeschleunigungen bei der Erzeugung von Geradenstücken, Kreis- und Parabelbögen

2.4 Beispiele für den Bahnverlauf beim Fahren von Ecken mit geschwindigkeitsgesteuerten Lageführungsgrößen

Beispiele für den Bahnverlauf und der dabei auftretenden dynamischen Bahnabweichungen durch die in Abschnitt 2.3 genannten Strukturen der Lageregelungen in Verbindung mit geschwindigkeitsgesteuerten Lageführungsgrößen beim Fahren von Ecken ohne Halt zeigen die Bilder 2.20, 2.21 und 2.22. Durch eine Koordinatentransformation werden die Eckpunkte der zu durchfahrenden Bahnen in den Ursprung eines xy-Koordinatensystems gelegt. Die Verwendung des Hilfsweges $s_H = v_B/\omega_{OA}$ als Bezugsgröße für die Koordinaten x und y bzw. aller Lagegrößen ermöglicht die Darstellung des Einflusses der Lageregelstrukturen an jeweils einem Bahnverlauf. Die Bahngeschwindigkeit v_B entfällt als Parameter.

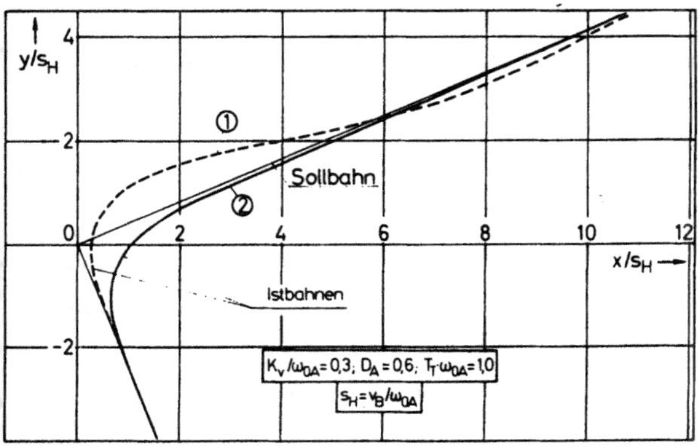

Bild 2.20: Istbahnen durch Lageregelungen mit ① und ohne ② Totzeitglieder im Lageregelkreis

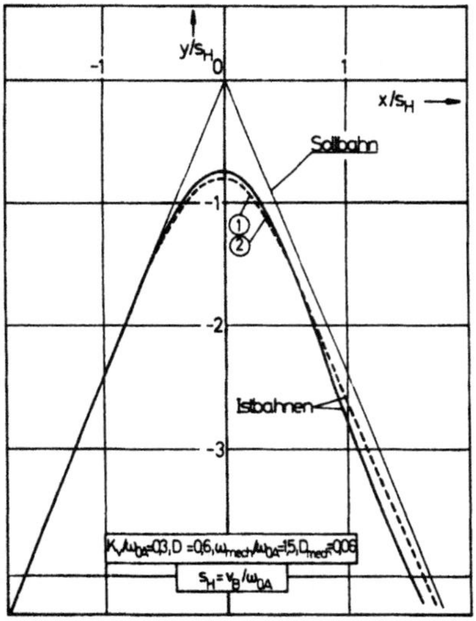

Bild 2.21: Istbahnen durch Lageregelungen mit zusätzlichem Schwingungsglied außerhalb ① und innerhalb ② des Lageregelkreises

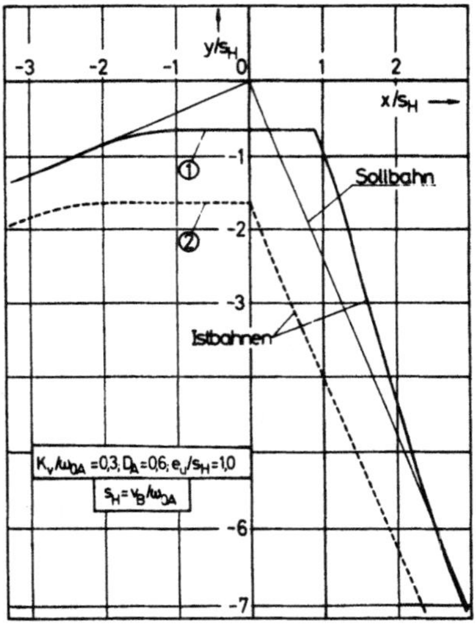

Bild 2.22: Istbahnen durch Lageregelungen mit Hysterese innerhalb ① und außerhalb ② des Lageregelkreises

Die Bilder zeigen, daß die Bahnabweichungen von den Lageregelstrukturen abhängen. Bei den Lageregelungen mit Hysterese kommt noch eine Richtungsabhängigkeit hinzu. Die Bilder 2.23, 2.24 2.25 zeigen dies am Beispiel der Überschwingabweichung bei geschwindigkeitsgesteuerter Führungsgrößenerzeugung und Lageregelungen mit Hysterese im Lageregelkreis. In diesen Bildern wird über dem Richtungsänderungswinkel ψ_o die bezogene Überschwingabweichung dargestellt. Parameter ist der Startwinkel φ_o. Für Bahnen, deren Verlauf vor der Richtungsänderung symmetrisch zu den Winkelhalbierenden des xy-Koordinatensystems ist, kann bei der Überschwingabweichung eine Symmetrie bezüglich des Änderungswinkels $\psi_o = 180^o$ festgestellt werden. Aus dem Verlauf der bezogenen Überschwingabweichung beim Startwinkel $\varphi_o = 0^o$ ergibt sich der Verlauf beim Startwinkel $\varphi_o = 90^o$ durch Spiegelung an der Geraden $\psi_o = 180^o$. Der Verlauf der bezogenen Überschwingabweichung beim Startwinkel $\varphi_o = 67{,}5^o$ folgt aus dem Verlauf der Überschwingabweichung beim Startwinkel $\varphi_o = 22{,}5^o$ ebenfalls durch Spiegelung an der Geraden $\psi_o = 180^o$.

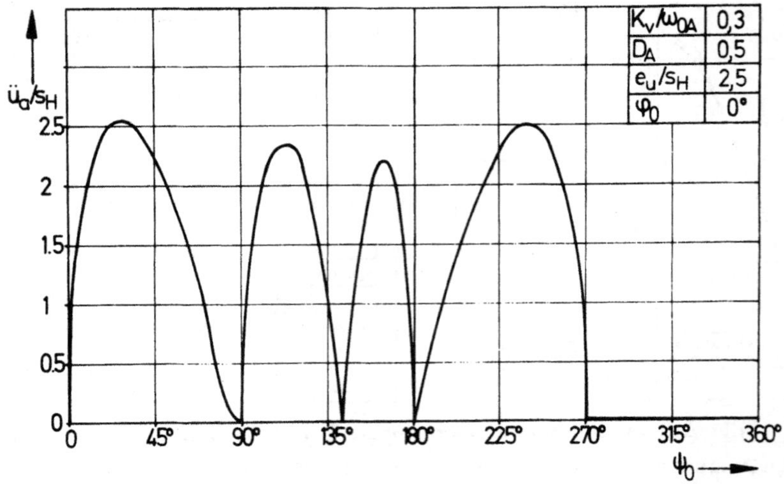

Bild 2.23: Überschwingabweichung bei geschwindigkeitsgesteuerter Lageführungsgrößenerzeugung ($D_A = 0.5$, $K_v/\omega_{OA} = 0.3$, $e_u/s_H = 2.5$, $\varphi_o = 0^o$)

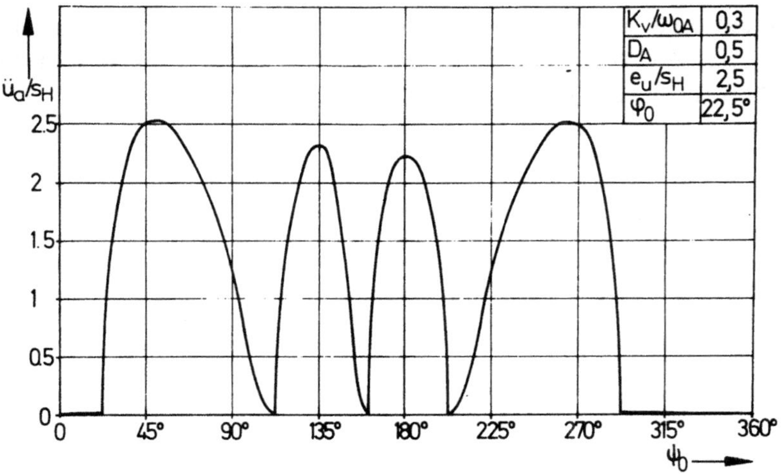

Bild 2.24: Überschwingabweichung bei geschwindigkeitsgesteuerter Lageführungsgrößenerzeugung und Lageregelung mit Hysterese ($\varphi_0 = 22.5^\circ$, $K_v/\omega_{OA} = 0.3$, $D_A = 0.5$, $e_u/s_H = 2.5$)

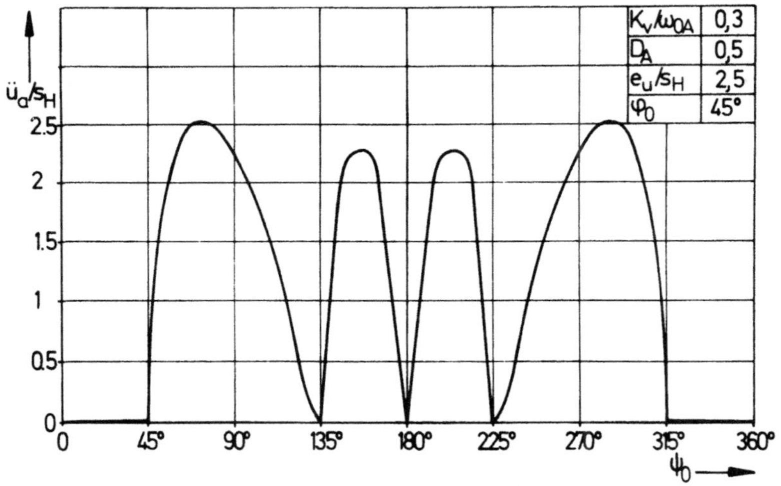

Bild 2.25: Überschwingabweichung bei geschwindigkeitsgesteuerter Lageführungsgrößenerzeugung und Lageregelung mit Hysterese ($\varphi_0 = 45^\circ$, $K_v/\omega_{OA} = 0.3$, $D_A = 0.5$, $e_u/s_H = 2.5$)

Für die nachfolgenden Untersuchungen über Verfahren zur weiteren Reduzierung der dynamischen Bahnabweichungen bei numerisch gesteuerten Werkzeugmaschinen sind deshalb die genannten unterschiedlichen Strukturen zu berücksichtigen.

3 Lageregelung mit Hilfsgrößenaufschaltung durch Geschwindigkeitsvorsteuerung

Bei der Lageregelung mit Hilfsgrößenaufschaltung wirkt auf die Lageregelstrecke des zugehörigen Lageregelkreises außer der ursprünglichen Stellgröße des Lagereglers noch die Vorsteuergeschwindigkeit v_v als zusätzliche Hilfsstellgröße ein. Voraussetzung ist die Kaskadenstruktur der Lageregelkreise /21/, die durch die unterlagerten Geschwindigkeitsregelkreise stets gegeben ist.

Die zur Hilfsgrößenaufschaltung erforderlichen Geschwindigkeitssignale werden entsprechend Bild 3.1 von der Führungsgrößenerzeugung geliefert. Diese Vorsteuergeschwindigkeitssignale wirken dann über entsprechende Summationsstellen auf die Geschwindigkeitsregelkreise ein.

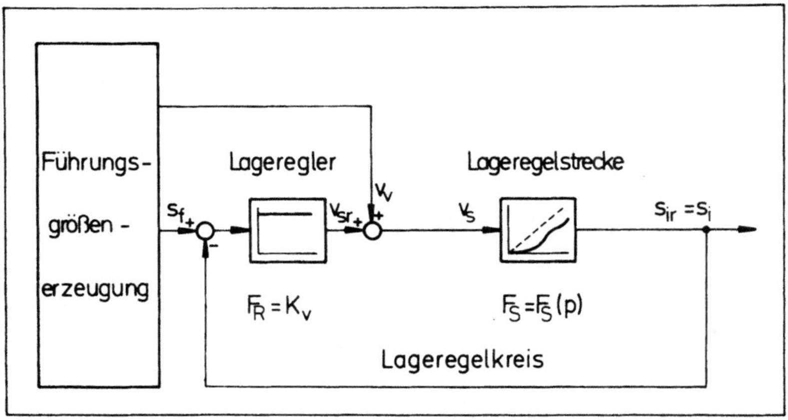

Bild 3.1: Blockschaltbild der Lageregelung mit Hilfsgrößenaufschaltung

Die Hilfsgrößenaufschaltung bei der Lageregelung kann auf die Beeinflussung der Lageführungsgrößen zurückgeführt werden, wenn das Blockschaltbild aus Bild 3.1 in das Blockschaltbild gemäß Bild 3.2 umgeformt wird.

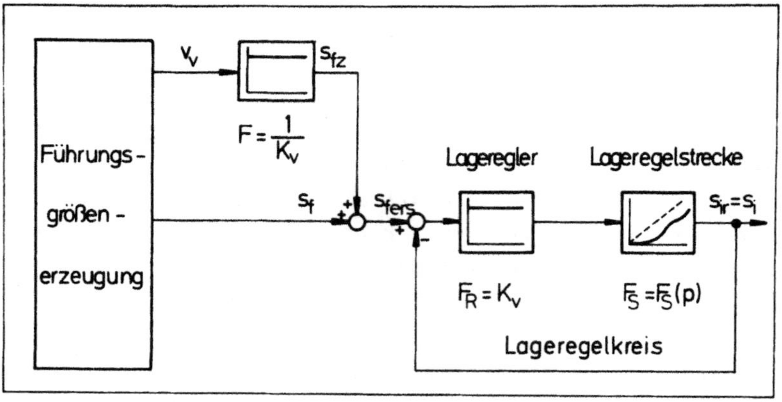

Bild 3.2: Transformiertes Blockschaltbild der Lageregelung mit Hilfsgrößenaufschaltung

Die Blockschaltbildtransformation erfolgt durch Verlegen der Eingriffsstelle der Vorsteuergeschwindigkeit auf den Eingang der Lageregelung. Anstelle der ursprünglichen Lageführungsgröße wirkt hierdurch auf die Lageregelung die Ersatzlageführungsgröße s_{fers} ein. Diese setzt sich aus der Lageführungsgrösse s_f und der Zusatzlageführungsgröße s_{fz} zusammen. Die Zusatzlageführungsgröße ergibt sich aus der Vorsteuergeschwindigkeit v_v, zu der sie aufgrund des Proportionalverhaltens des Lagereglers ebenfalls proportional ist. Für den zugehörigen Proportionalitätsfaktor gilt $K_f = 1/K_v$. Die Ersatzlageführungsgröße kann somit angegeben werden zu

$$s_{fers}(t) = s_f(t) + s_{fz}(t)$$

mit

$$s_{fz}(t) = \frac{1}{K_v} \cdot v_v(t) \quad .$$

Bei mehrachsigen Systemen liefert die vektorielle Addition der Ersatzlageführungsgrößen eine Ersatzsollbahn, die mit der eigentlichen Sollbahn nicht identisch ist.

3.1 Geschwindigkeitsvorsteuerung

Die einfachste Möglichkeit ein Signal für die Vorsteuergeschwindigkeit zu erhalten besteht darin, diese proportional zur Führungsgeschwindigkeit zu machen . Da die Führungsgeschwindigkeit bei vielen numerisch bahngesteuerten Werkzeugmaschinen in Form einer Taktfrequenz vorliegt, ist hierzu nur ein Frequenz-Spannungswandler erforderlich. Dieser liefert dann die Signale für die Vorsteuergeschwindigkeit $v_v(t)$. Diese Art der Signalerzeugung wird mit Geschwindigkeitsvorsteuerung bezeichnet.

Wegen der Proportionalität der Vorsteuergeschwindigkeit zur Führungsgeschwindigkeit sowie des integralen Zusammenhangs zwischen der Lageführungsgröße und der Führungsgeschwindigkeit, kann diese als gemeinsame Erregergröße eines Systems betrachtet werden, das die Ersatzführungsgröße $s_{fers}(t)$ erzeugt. Das zugehörige Blockschaltbild zeigt Bild 3.3a. Die Lageführungsgröße ist mit der Führungsgeschwindigkeit über ein Integralglied (I-Glied) verknüpft, die Vorsteuergeschwindigkeit über ein Proportionalglied (P-Glied) mit dem Proportionalitäts- bzw. dem Gewichtungsfaktor c_v. Ein für die Istgrößenerzeugung gleichwertiges Blockschaltbild der Lageregelung mit Geschwindigkeitsvorsteuerung zeigt Bild 3.3b. Anstelle der Führungsgeschwindigkeit ist die Lageführungsgröße gemeinsame Erregergröße. Diese Umwandlung ist möglich, da die Führungsgeschwindigkeit die 1. Ableitung der Lageführungsgröße nach der Zeit darstellt (s. Abschnitt 2.3.2).

Mit der Führungsgeschwindigkeit als gemeinsamer Erregergröße gilt für das Übertragungsverhalten des Gesamtsystems in Bild 3.3a

$$\frac{s_i(p)}{v_f(p)} = \frac{1 + p.T_v}{p} . F_L(p)$$

mit $T_v = c_v / K_v$.

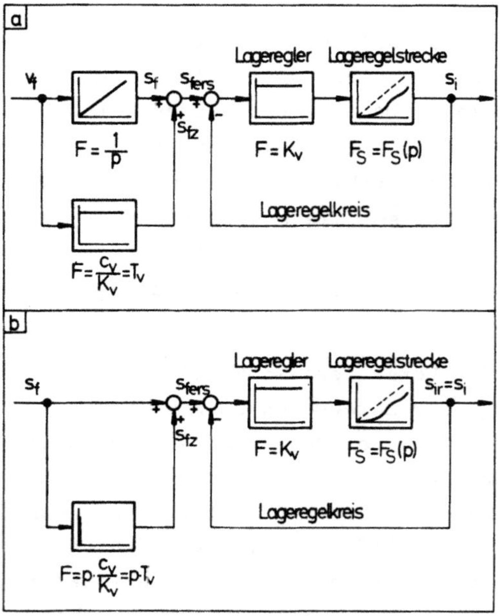

Bild 3.3: Blockschaltbild zur Lageeinstellung bei Herleitung der Vorsteuergeschwindigkeit aus der Führungsgeschwindigkeit bzw. aus der Lageführungsgröße

Bei der Lageführungsgröße als gemeinsamer Erregergröße lautet die Übertragungsfunktion des Gesamtsystems aus Bild 3.3b

$$F_{LGV}(p) = \frac{s_i(p)}{s_f(p)} = (1 + p.T_v) \, . \, F_L(p) \quad .$$

In diesen Gleichungen sind: c_v ein Proportionalitäts- bzw. Gewichtungsfaktor, K_v die Geschwindigkeitsverstärkung, T_v die Vorhaltezeitkonstante, $F_L(p)$ die Übertragungsfunktion der ursprünglichen Lageregelung, $F_{LGV}(p)$ die Übertragungsfunktion der Lageregelung mit Geschwindigkeitsvorsteuerung.

Aus der Übertragungsfunktion $F_{LGV}(p)$ der Lageregelung mit Geschwindigkeitsvorsteuerung geht hervor, daß sich die Vorsteuergeschwindigkeit - solange sie proportional zur Führungsgeschwindigkeit ist - auf das Gesamtsystem so auswirkt, als ob vor die ursprüngliche Lageregelung ein Proportional-Differential- Glied (PD-Glied) in Reihe geschaltet wird. Dies bedeutet die Einführung einer Nullstelle+ /22/, /23/ in die Übertragungsfunktion des Gesamtsystems zur Lageeinstellung. Zur Realisierung dieser Nullstelle ist bei Bildung der Vorsteuergeschwindigkeit aus der Führungsgeschwindigkeit keine Differentiation erforderlich. Deren gerätetechnische Ausführung erfordert einen zusätzlichen Pol++.

3.2 Auswirkungen der Geschwindigkeitsvorsteuerung

Durch die Geschwindigkeitsvorsteuerung wird das Übertragungsverhalten der Lageregelung beeinflußt. Dies hat Auswirkungen auf den Istbahnverlauf und die Bewegungskenngrößen in den an der Bewegung beteiligten Maschinenachsen, wie im folgenden gezeigt wird.

3.2.1 Auswirkungen bei Bewegungen im Beharrungszustand

Die Auswirkungen der Geschwindigkeitsvorsteuerung bei Bewegungen im Beharrungszustand (DIN 19226) können für geradlinige und parabelförmige Bahnen anhand der Lageabweichung im Beharrungszustand, dem Schleppabstand, dargestellt werden. Es gilt

$$\Delta s = \lim_{t \to \infty} s_a(t) = \lim_{t \to \infty} \left[s_f(t) - s_i(t) \right] .$$

Mit dem Endwert-Theorem der Laplace-Transformation /11/ wird daraus

$$\Delta s = \lim_{p \to 0} p \cdot s_a(p) = \lim_{p \to 0} p \cdot \left[s_f(p) - s_i(p) \right] .$$

+ Nullstelle: Bezeichnung für eine Wurzel (Lösung) des Zählerpolynoms einer gebrochen rationalen Übertragungsfunktion

++ Pol: Bezeichnung für eine Wurzel (Lösung) des Nennerpolynoms einer gebrochen rationalen Übertragungsfunktion

Bei

$$s_i(p) = F_{LGV}(p) \cdot s_f(p)$$

wird der Schleppabstand

$$\Delta s = \lim_{p \to 0} p \cdot (1 - F_{LGV}(p)) \cdot s_f(p) \quad .$$

Mit der allgemeinen Form der Übertragungsfunktion eines PD-Gliedes

$$F_{PD}(p) = 1 + c_1 \cdot p$$

und derjenigen der minimalphasigen (DIN 19229) Lageregelung

$$F_L(p) = \frac{1}{1 + a_1 p + a_2 p^2 + \ldots + a_n p^n}$$

ist

$$\Delta s = \lim_{p \to 0} p^2 \cdot \frac{(a_1 - c_1) + a_2 p + \ldots + a_n p^{n-1}}{1 + a_1 p + a_2 p^2 + \ldots + a_n p^n} \cdot s_f(p) \quad .$$

Daraus folgt für den Schleppabstand bei geradliniger Bewegung Δs_g mit $s_f(p) = v_B/p^2$ als der Laplace-Transformierten von $s_f(t) = v_B \cdot t$ für $t \geqq 0$

$$\Delta s_g = v_B(a_1 - c_1) \quad .$$

Mit $a_1 = 1/K_v$ für die Lageregelung mit Grundstruktur und $c_1 = T_v = c_v/K_v$ bei Geschwindigkeitsvorsteuerung wird

$$\Delta s_g = \begin{cases} 0 & \text{für} \quad c_v = 1 \\ \dfrac{v_B}{K_v} \cdot (1 - c_v) & \text{für} \quad c_v \neq 1 \end{cases} \quad .$$

Bei parabelförmiger Bahn und zeitproportionalem Bahnparameter ϑ wird der Schleppabstand durch die Geschwindigkeitsvorsteuerung Δs_{par}

$$\Delta s_{par} = \begin{cases} a_2 \cdot a_{f0} & \text{für} \quad c_v = 1 \\ \infty & \text{für} \quad c_v \neq 1 \end{cases}$$

Es sind: $a_2 = 2\, D_A/(K_v \cdot \omega_{OA})$ bei der Lageregelung mit Grund - struktur, a_{f0} die in der Bewegungsparabel enthaltene Führungsbeschleunigung. Die Lageführungsgröße lautet bei zeitpropor - tionalem Bahnparameter: $s_f(t) = v_B \cdot t + 0{,}5 \cdot a_{f0} \cdot t^2$, wobei $s_f(t) = 0$ für $t < 0$ ist.

Die ermittelten Gleichungen besagen, daß mit $c_v = 1$ bei geradliniger Bewegung mit Geschwindigkeitsvorsteuerung der Schleppabstand verschwindet und bei parabelförmiger Bewegung ein konstanter Schleppabstand entsteht. Mit $0 < c_v < 1$ ist bei geradliniger Bewegung eine Verringerung des Schleppabstandes möglich, was einer indirekten Erhöhung der Geschwindigkeitsverstärkung entspricht. Die Geschwindigkeitsverstärkung der ursprünglichen Lageregelung bleibt erhalten. Bei einer Soll-Geschwindigkeitsverstärkung K_{vs} und der im Lageregelkreis eingestellten Ge - schwindigkeitsverstärkung K_v wird der Gewichtungsfaktor c_v der Geschwindigkeitsvorsteuerung bestimmt durch

$$c_v = 1 - K_v/K_{vs} .$$

Es kann damit der durch ungleiche Geschwindigkeitsverstärkung bei geradliniger Bewegung im Beharrungszustand auftretende Parallelversatz der Istbahn vermieden werden.

Die Auswirkungen der Geschwindigkeitsvorsteuerung auf kreisförmige Bewegungen im Beharrungszustand läßt sich mit Hilfe des Verhältnisses von Istradius R_i zum Sollradius R_s darstellen.

Dieses Verhältnis erhält man aus dem Amplitudengang (DIN 19226) des Frequenzganges der Lageregelung mit Geschwindigkeitsvor - steuerung $F_{LGV}(j\omega)$. Für die Lageregelung mit Grundstruktur wird somit

$$\frac{R_i}{R_s} = \sqrt{\frac{1 + \left[\frac{c_v}{KVB} \cdot \frac{\omega_O}{\omega_{OA}}\right]^2}{\left[1 - \frac{2\,D_A}{KVB} \cdot \frac{\omega_O^2}{\omega_{OA}^2}\right]^2 + \left[\frac{\omega_O}{KVB \cdot \omega_{OA}} \cdot \left(1 - \frac{\omega_O^2}{\omega_{OA}^2}\right)\right]^2}}$$

In dieser Gleichung sind: c_v der Gewichtungsfaktor, KVB die auf die Kennkreisfrequenz ω_{OA} bezogene Geschwindigkeitsverstärkung, ω_O die im Beharrungszustand geforderte Winkelgeschwindigkeit zur Erzeugung des Kreises.

Die radiale Abweichung $\Delta R = R_s - R_i$ ist gemäß dieser Gleichung von allen Lageregelungsparametern abhängig. Ebenso von der ge - forderten Winkelgeschwindigkeit und dem Gewichtungsfaktor c_v. Bei der Lageregelung mit Grundstruktur ohne Geschwindigkeits- vorsteuerung, $KVB = K_v/\omega_{OA} = 0{,}4$ und $D_A = 0{,}6$ bleibt die be - zogene radiale Abweichung $\Delta R/R_s$ bis etwa $0{,}1 \cdot \omega_O/\omega_{OA}$ unter dem Wert von 1,5 ‰ . Um ein gleichwertiges oder gar noch günsti - geres Ergebnis zu erzielen, muß der Gewichtungsfaktor c_v ent - sprechend angepaßt werden. Bild 3.4 zeigt die erforderliche Abhängigkeit des Gewichtungsfaktors von der bezogenen Geschwin- digkeitsverstärkung und dem Dämpfungsgrad D_A des Antriebs.

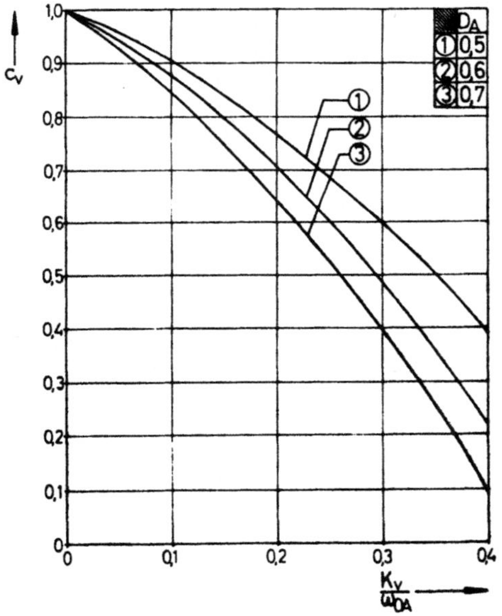

Bild 3.4: Gewichtungsfaktor c_v in Abhängigkeit von den Lageregelungsparametern für die Lageregelung mit Geschwin - digkeitsvorsteuerung

3.2.2 Auswirkungen bei Haltevorgängen und Bahnrichtungsänderungen

Die Auswirkungen der Hilfsgrößenaufschaltung durch die Geschwindigkeitsvorsteuerung auf Haltevorgänge und Bahnrichtungsänderungen lassen sich qualitativ bereits durch einen Vergleich der üblichen Lageführungsgrößen mit den durch die Geschwindigkeitsvorsteuerung sich ergebenden Ersatzlageführungsgrößen zeigen.

Beispiele für den Verlauf der Ersatzlageführungsgrößen bei der Erzeugung von Geradenstücken, Kreis- und Parabelbögen enthält Bild 3.5.

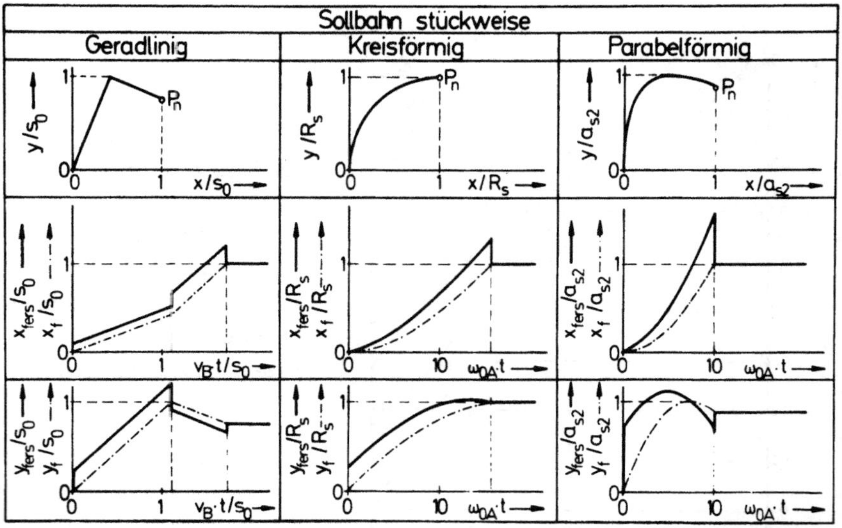

Bild 3.5: Ersatzlageführungsgrößen bei der Erzeugung elementarer Bahnelemente durch Lageregelungen mit Geschwindigkeitsvorsteuerung

Aus dem Bild geht hervor, daß die Ersatzführungsgrößen sich gegenüber den herkömmlichen Lageführungsgrößen verändern und zusätzlich sprungförmige Übergänge aufweisen. Das Ausmaß der Veränderungen und der Sprunghöhen wird durch den Gewichtungsfaktor c_v bestimmt. Die sprungförmigen Übergänge bewirken bei allen Lageregelungsstrukturen eine höhere Beanspruchung und Aussteuerung der Lageregelungselemente. Die Beschleunigungsbeanspruchung ist bei $c_v = 1$ und optimalem Führungsverhalten der Lageregelungen nach /2/ und /16/ um das 2 ... 2,5-fache höher als bei der Lageregelung ohne Geschwindigkeitsvorsteuerung. Unter den gleichen Voraussetzungen erfordern die für ein lineares Verhalten der Vorschubantriebe notwendigen Aussteuerbereiche bis zu 60 % mehr an Aussteuerreserve gegenüber ca. 1 % bei der herkömmlichen Lage-Istgrößenerzeugung.

Bei Haltevorgängen und unstetigen Bahnrichtungsänderungen bewirkt die Geschwindigkeitsvorsteuerung mit $c_v = 1$ stets ein Überschwingen. Eckenabweichungen treten bei den linearen Systemen mit dieser Einstellung nicht mehr auf, da der Schleppabstand hierdurch zu Null gemacht wird.

Die Auswirkungen der Geschwindigkeitsvorsteuerung in Verbindung mit der Grundstruktur der Lageregelung auf den Istbahnverlauf bei $c_v = 1$ zeigen die Beispiele in den Bildern 3.6 bis 3.9. Sie wurden mit Hilfe des Analogrechners und des Digitalrechners ermittelt.

Bild 3.6 stellt die Istbahnverläufe beim Fahren einer 90°-Ecke mit und ohne Geschwindigkeitsvorsteuerung sowie unterschiedlicher bezogener Geschwindigkeitsverstärkung K_v/ω_{OA} dar.

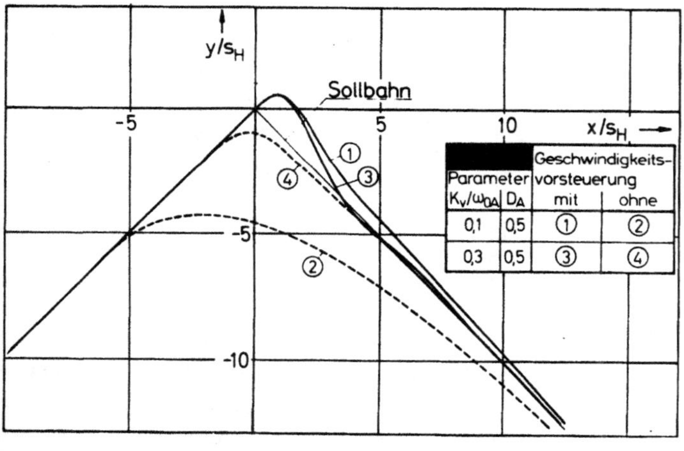

Bild 3.6: Istbahnverlauf beim Fahren einer 90°-Ecke ohne Halt mit und ohne Geschwindigkeitsvorsteuerung und veränderten Lageregelungsparametern.

Ein Vergleich der Istbahnverläufe macht deutlich, daß bei optimal eingestellten Lageregelungen - $K_v/\omega_{OA} = 0,3 \ldots 0,4$, $D_A = 0,5 \ldots 0,6$ /2/, /16/ - durch die Geschwindigkeitsvorsteuerung bei $c_v = 1$ keine Verbesserung der Bahntreue erfolgt. Eine Verbesserung tritt nur zutage, wenn die bezogene Geschwindigkeitsverstärkung weit unter den optimalen Werten liegt. Diese sind jedoch nicht erwünscht, da hierdurch Störungen der Lageregelungen sich stärker auswirken als bei einem optimierten System. Außerdem wächst, wie in Bild 3.7 zu sehen ist, mit abnehmender Geschwindigkeitsverstärkung K_v und größer werdendem Dämpfungsgrad D_A die Überschwingabweichung.

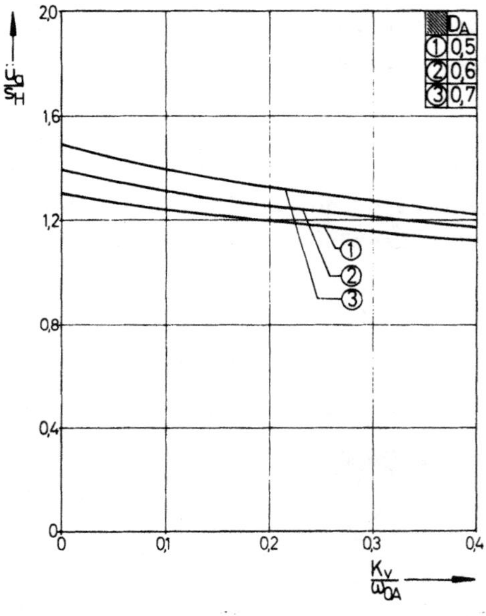

Bild 3.7:
Überschwingabweichung bei Geschwindigkeitsvorsteuerung mit $c_v = 1$ und Grundstruktur der Lageregelung

Bild 3.8 gibt die Istbahnverläufe beim Fahren eines Viertelkreisbogens und Bild 3.9 die Istbahnverläufe beim Fahren eines Parabelbogens wieder, jeweils mit ① und ohne ② Geschwindigkeitsvorsteuerung. Aus beiden Bildern geht hervor, daß eine Verbesserung der Bahntreue und damit eine Reduzierung der dynamischen Bahnabweichungen auch nur erfolgt für

- nicht optimierte Systeme,
- $\omega_0/\omega_{0A} < 0,1$ beim Erzeugen eines Kreisbogens ,
- $T_B \cdot \omega_{0A} > 10$ beim Erzeugen eines Parabelbogens.

Überschwingabweichungen beim Halten sind nicht vermeidbar.

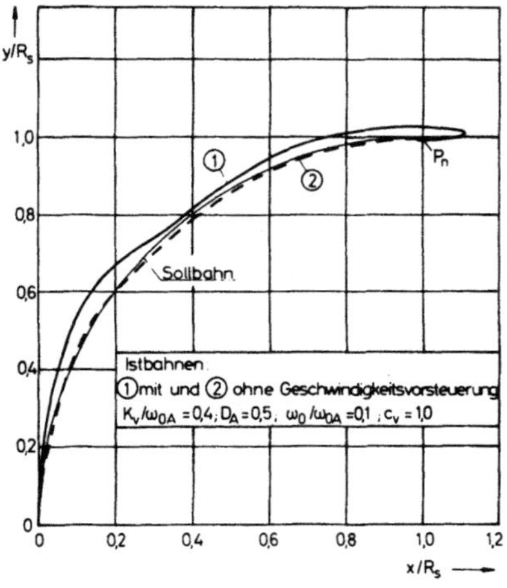

Bild 3.8: Istbahnverlauf beim Fahren eines Viertelkreisbogens mit und ohne Geschwindigkeitsvorsteuerung

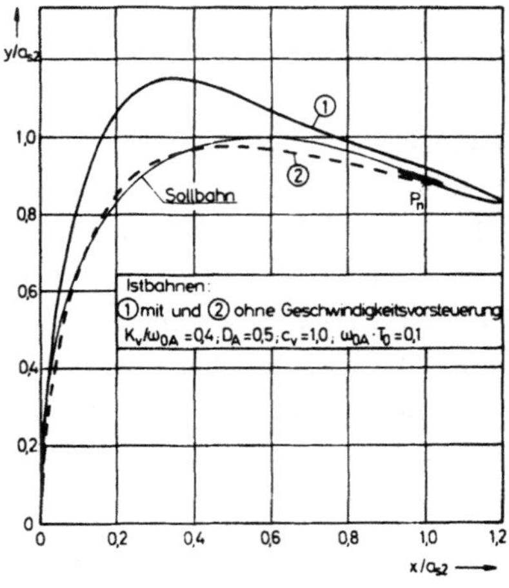

Bild 3.9: Istbahnverlauf beim Fahren eines Parabelbogens mit und ohne Geschwindigkeitsvorsteuerung

3.3 Folgerungen

Es wurde gezeigt, daß mit Hilfe der Geschwindigkeitsvorsteuerung eine Beeinflussung des Übertragungsverhaltens der Lageregelungen möglich ist. Die Geschwindigkeitsvorsteuerung bedeutet für diese die Einfügung einer Nullstelle. Sie führt bei unveränderten Verhalten des ursprünglichen Systems zu einer Erhöhung der dynamischen Beschleunigungsbeanspruchung und einer Ausweitung der erforderlichen Aussteuerbereiche.

Wird durch die Geschwindigkeitsvorsteuerung mit einem Gewichtungsfaktor von $c_v = 1$ bei stückweise geradliniger Bewegung im Beharrungszustand der Schleppabstand abgebaut, so tritt bei Haltevorgängen und Bahnrichtungsänderungen stets ein Überschwingen auf. Die Verbesserung der Bahntreue durch die Geschwindigkeitsvorsteuerung ist nur mit Lageregelungen möglich, deren Geschwindigkeitsverstärkungen K_v unter den für das Führungsverhalten optimalen Werten liegen.

Bei Lageregelungen mit unterschiedlichen Strukturen und damit nicht übereinstimmenden Geschwindigkeitsverstärkungen in den einzelnen Maschinenachsen, ist die Anpassung der Geschwindigkeitsverstärkungen an die größtmögliche einer Achse durch die Einführung eines entsprechenden Gewichtungsfaktors $0 < c_v < 1$ denkbar. Hierdurch kann der bei geradliniger Bewegung wegen ungleicher Geschwindigkeitsverstärkung entstehende Parallelversatz im Beharrungszustand vermieden werden. Eine Anpassung des Gesamtübertragungsverhaltens ist jedoch nicht möglich. Es kommt durch die unterschiedlichen Einschwingvorgänge in den einzelnen Achsen bei Anfahr-, Haltevorgängen und Bahnrichtungsänderungen zu zusätzlichen Bahnabweichungen. Sind außerdem die Antriebssysteme nicht für die Geschwindigkeitsvorsteuerung ausgelegt worden, so kommen die zum Schutz der gesamten Anlage eingebauten Strombegrenzungen und die natürlich gegebenen Aussteuergrenzen zur Wirkung. Die Lageregelungen werden nichtlinear und eine Reduzierung der Bahnabweichungen ist nicht mehr möglich.

Die Geschwindigkeitsvorsteuerung kann bei reinen Positioniervorgängen zur Verkürzung der Bewegungsdauer verwendet werden. Dazu muß die Geschwindigkeitsvorsteuerung mit einer Einrichtung gekoppelt werden, welche die Vorsteuergeschwindigkeit dann abschaltet, wenn die Ersatzführungsgröße s_{fers} die gewünschte Position erreicht hat. Die verbleibende Lageführungsgröße ist auf die gewünschte Position zu setzen. Bild 3.10 zeigt den zugehörigen Signalverlauf für einen geradlinigen Positioniervorgang. Die Zeitersparnis beträgt mit einem Gewichtungsfaktor von $c_v = 1$ bei einem geradlinigen Positioniervorgang $t_e = 1/K_v$. Der Haltevorgang der Lageregelung entspricht demjenigen bei Lageregelungen ohne Geschwindigkeitsvorsteuerung. Die bei der Auslegung der Lageregelungselemente zu beachtende höhere Beanspruchung und Aussteuerung ist durch den Anfahrvorgang bedingt.

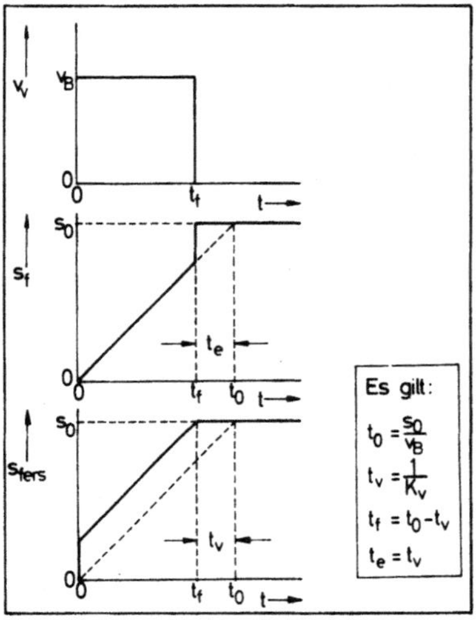

Bild 3.10:
Signalverlauf für die Lageregelung mit Geschwindigkeitsvorsteuerung zur Verkürzung der Bewegungsdauer beim geradlinigen Positionieren

Aus den Ausführungen über die Lageregelung mit Geschwindigkeitsvorsteuerung bzw. proportionaler Verknüpfung der Vorsteuergeschwindigkeit v_v mit der Führungsgeschwindigkeit v_f ergibt sich, daß sie als generelle Lösung zur weiteren Reduzierung der dynamischen Bahnabweichungen nicht geeignet ist. Hierzu müßte das Übertragungsverhalten der Lageregelung in einem weiten Frequenzbereich demjenigen eines Verzögerungsgliedes 1. Ordnung entsprechen, was für das Störverhalten nicht von Vorteil ist. Es ist daher stets zu prüfen, ob nicht durch eine Optimierung der Lageregelungen die geforderten Ergebnisse einfacher zu erreichen sind.

Soll bei unterschiedlichen Lageregelungsstrukturen eine Anpassung der Geschwindigkeitsverstärkungen erfolgen, so muß im ungünstigsten Fall bei voller Beseitigung des Schleppabstandes der betreffenden Achse eine um das 2 ... 2,5-fache höhere dynamische Beanspruchung und ein um ca. 60% größerer Aussteuerbereich bei der Auswahl der Antriebssysteme und der Dimensionierung der Maschinen berücksichtigt werden.

4 Beeinflussung der Lageführungsgrößen durch Führungsgrößenvorsteuerung

Die Beeinflussung der Lageführungsgrößen durch die Vorsteuerung beruht auf der Forderung nach Kompensation des Übertragungsverhaltens der Lageregelung. Die erforderliche Vorsteuereinrichtung bzw. Vorsteuerung erzeugt hierzu gemäß Bild 4.1 aus den üblichen Lageführungsgrößen $s_f(t)$ die verzerrten Lageführungsgrößen $s_{fv}(t)$. Diese wirken nun auf die ursprünglichen Lageregelungen ein. Durch deren Tiefpaßverhalten entstehen Lage-Istgrößen, welche die Abweichungen zwischen der geforderten Sollbahn und der erzeugten Istbahn verringern.

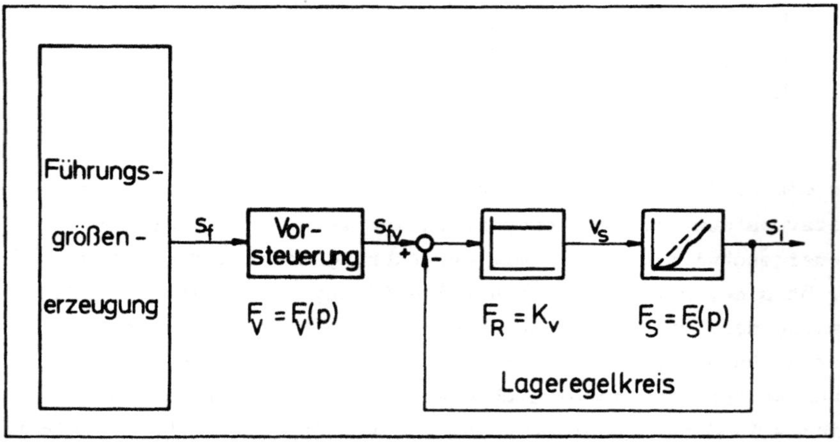

Bild 4.1: Blockschaltbild zur Lageeinstellung mit Fühungsgrößenvorsteuerung

Verbunden mit der Führungsgrößenvorsteuerung ist jedoch stets eine höhere Beanspruchung der Lageregelungselemente, insbesondere der Antriebe.

4.1 Führungsgrößenvorsteuerung

Die Ermittlung einer realisierbaren Vorsteuerung legt nur die linearen Lageregelungen zugrunde. Eine Abhängigkeit von den

Richtungen der zu durchfahrenden Bahnen wird dadurch vermieden .

Ausgangspunkt für die Ermittlung der Übertragungsfunktion der Vorsteuerung zur Führungsgrößenverzerrung ist die Forderung, im Idealfall die Lage-Istgröße gleich der Lageführungsgröße zu machen, also

$$s_i(t) = s_f(t)$$

gilt. Dies bedeutet bei linearer Lageregelung für die Übertragungsfunktion F_{LV} der Steuerkette, bestehend aus Vorsteuerung und Lageregelung gemäß Bild 4.1,

$$F_{LV}(p) = F_V(p) \cdot F_L(p) = 1 \quad .$$

Hierbei sind $F_V(p)$ die Übertragungsfunktion der Vorsteuerung und $F_L(p)$ die Übertragungsfunktion der Lageregelung.

Aus der zuletzt genannten Gleichung geht hervor, daß im Idealfall die Vorsteuerung eine vollständige Kompensation der Lageregelung bewirken würde. Für die Vorsteuerung müßte gelten:

$$F_{Vid}(p) = F_L(p)^{-1} \quad .$$

Da die Lageregelsysteme bei Werkzeugmaschinen immer stabil sein müssen und bei hinreichend linearem Verhalten ihre Übertragungsfunktion im allgemeinen mehr Pole als Nullstellen aufweist, ist die ideale Vorsteuerung nicht realisierbar. Die Forderung nach Übereinstimmung zwischen Lageführungs- und Lage-Istgröße muß daher abgeschwächt werden. Sie wird ersetzt durch die Forderung nach einer durch die Toleranzen und die Beanspruchungsgrenzen einhaltenden Näherung.

4.1.1 Ermittlung der Übertragungsfunktion der Vorsteuerung

Grundlage für die Ermittlung der Übertragungsfunktion der Vorsteuerung $F_V(p)$ ist die Erfüllung der Stabilitäts- und Gradbedingung /24/. Es bedeuten im einzelnen

- Stabilitätsbedingung: Die Übertragungsfunktion $F_V(p)$ darf in der komplexen p-Ebene für Re(p) keine Pole besitzen,
- Gradbedingung: Grad des Zählerpolynoms einer gebrochen rationalen Übertragungsfunktion $F_V(p)$ darf den Grad des Nennerpolynoms von $F_V(p)$ nicht überschreiten.

Die Bestimmung der Übertragungsfunktion der Vorsteuerung erfolgt demgemäß in zwei Schritten. Zunächst wird die Übertragungsfunktion der idealen, im allgemeinen nicht realisierbaren Vorsteuerung

$$F_{Vid} = F_L(p)^{-1}$$

ermittelt und falls erforderlich durch ein System mit der Übertragungsfunktion $F_{Vst}(p)$ so approximiert, daß die Stabilitätsbedingung erfüllt wird. Im zweiten davon unabhängigen Schritt wird der Gradkorrekturfaktor $F_K(p)$ bestimmt, um die Gradbedingung zu erfüllen. Die Übertragungsfunktion der Vorsteuerung wird dann

$$F_V(p) = F_{Vst}(p) \cdot F_K(p) .$$

Hat die Lageregelung das Verhalten von Minimalphasensystemen (DIN 19229), enthält also keine Allpaßanteile oder Totzeiten, so ist mit der allgemeinen Form der Übertragungsfunktion einer linearen Lageregelung

$$F_L(p) = \frac{1}{1 + a_1 \cdot p + a_2 \cdot p^2 + \ldots + a_n \cdot p^n}$$

die Übertragungsfunktion $F_{Vst}(p)$

$$F_{Vst}(p) = 1 + a_1 \cdot p + a_2 \cdot p^2 + \ldots + a_n \cdot p^n .$$

Für die Wahl des Gradkorrekturfaktors gilt

$$\text{Graddifferenz } d_K \text{ von } F_K(p) = \text{Graddifferenz } d_L \text{ von } F_L(p).$$

Aus Gründen der einfachen Realisierbarkeit wird der Zählergrad des Korrekturfaktors zu Null gewählt. Daraus folgt für den Nennergrad m des Gradkorrekturfaktors m = n, wenn die Graddifferenz der Lageregelung d_L = n ist. Besitzt die Übertragungsfunktion $F_L(p)$ in $Re(p) \geqq 0$ keinen Pol, was bei den Lageregelungen immer erfüllt ist, so lautet die Übertragungsfunktion des Gradkorrekturfaktors

$$F_K(p) = \frac{1}{1 + b_1 \cdot p + b_2 \cdot p^2 + \ldots + b_n \cdot p^n} .$$

Die Übertragungsfunktion der Vorsteuerung wird damit:

$$F_V(p) = \frac{1 + a_1 \cdot p + a_2 \cdot p^2 + \ldots + a_n \cdot p^n}{1 + b_1 \cdot p + b_2 \cdot p^2 + \ldots + b_n \cdot p^n}$$

Zählergrad und Nennergrad der Übertragungsfunktion der Vorsteuerung sind identisch. Die Übertragungsfunktion der Steuerkette gemäß Bild 4.1, bestehend aus der Reihenschaltung der Vorsteuerung und der Lageregelung ist

$$\begin{aligned} F_{LV}(p) &= F_V(p) \cdot F_L(p) \\ &= F_L(p)^{-1} \cdot F_K(p) \cdot F_L(p) = F_K(p) . \end{aligned}$$

Daraus geht hervor, daß das Übertragungsverhalten des Gesamtsystems, bestehend aus Vorsteuerung und Lageregelung, allein durch den Gradkorrekturfaktor bestimmt wird. Die Struktur des Gradkorrekturfaktors ist durch die Graddifferenz d_L und die Ordnung n der Übertragungsfunktion der Lageregelung festgelegt. Diese Art der Vorsteuerung wird im folgenden mit vollständiger Vorsteuerung bezeichnet.

Die Übertragungsfunktionen $F_V(p)$, die das Verhalten der Vorsteuerung beschreiben, entsprechen denen von verallgemeinerten LEAD-Gliedern /23/, die als Korrekturnetzwerke in Regelkreise eingesetzt werden. Haupteigenschaft der LEAD-Glieder ist ihre phasenvoreilende Wirkung. Diese führt bei der Anwendung innerhalb von Regelkreisen zur Verbesserung der Stabilitätsgüte /23/. Bei der Verwendung zur Vorsteuerung von Lageregelungen ist eine Anpassung des Übertragungsverhaltens der Lageregelungen an das eines Bezugsystems möglich. Außerdem ist eine Bandbreitenerweiterung des Systems zur Lageeinstellung erreichbar. Kennzeichen der Bandbreitenerweiterung ist die Erhöhung der Eckkreisfrequenz gegenüber der nicht vorgesteuerten Lageregelung. Ohne direkten Eingriff in die Lageregelung wird bei gleichförmiger geradliniger Bewegung eine Verringerung des Schleppabstandes erzielt.

Für den Schleppabstand gilt unter Zuhilfenahme des Endwert-Theorems der Laplace-Transformation (s. Abschnitt 3.2.1)

$$\Delta s = \lim_{p \to 0} p \cdot (s_f(p) - s_i(p)) \quad .$$

Ist

$$s_i(p) = F_V(p) \cdot F_L(p) \cdot s_f(p)$$

so wird

$$\Delta s = \lim_{p \to 0} p \cdot (1 - F_V(p) \cdot F_L(p)) \cdot s_f(p)$$

Bei geradliniger Bewegung wird mit $s_f(p) = v_B/p^2$ als der Laplace-Transformierten der Anstiegsfunktion $s_f(t) = v_B \cdot t$, der allgemeinen Form der Übertragungsfunktion der Lageregelung

$$F_L(p) = \frac{1}{1 + a_1 . p + a_2 . p^2 + \ldots + a_n . p^n}$$

und der allgemeinen Form der Übertragungsfunktion der Führungsgrößenvorsteuerung

$$F_V = \frac{1 + c_1 . p + c_2 . p^2 + \ldots + c_n . p^n}{1 + b_1 . p + b_2 . p^2 + \ldots + b_n . p^n} \quad ,$$

der Schleppabstand bei geradliniger Bewegung

$$\Delta s = (b_1 + a_1 - c_1) . v_B \quad .$$

Bei der Lageeinstellung ohne Vorsteuerung ist $b_1 = c_1 = 0$. Der Kehrwert von a_1 ist identisch mit der Geschwindigkeitsverstärkung K_v der Lageregelung. Bei der Lageeinstellung mit vollständiger Vorsteuerung ist $c_1 = a_1$. Der Schleppabstand wird nur durch den Koeffizienten b_1 bestimmt, dessen Kehrwert der fiktive Geschwindigkeitsverstärkung K_{vV} zugeordnet wird.

4.1.1.1 Vollständige Vorsteuerung bei der Lageregelung mit Grundstruktur

Die Lageregelung mit Grundstruktur besitzt ein Blockschaltbild entsprechend Bild 2.04. Für die zugehörige Übertragungsfunktion gilt in allgemeiner Form

$$F_L(p) = \frac{1}{1 + a_1 . p + a_2 . p^2 + a_3 . p^3}$$

mit $a_1 = \dfrac{1}{K_v}$, $a_2 = \dfrac{2 . D_A}{K_v . \omega_{OA}}$ und $a_3 = \dfrac{1}{K_v . \omega_{OA}^2}$.

Damit die zugehörige Vorsteuerung die Stabilitätsbedingung erfüllt, muß

$$F_{Vst}(p) \quad = \quad 1 + a_1 . p + a_2 . p^2 + a_3 . p^3$$

sein. Zur Einhaltung der Gradbedingung $d_K = d_L$ wird die Übertragungsfunktion des Gradkorrekturfaktors der Vorsteuerung zu

$$F_K(p) \quad = \quad \frac{1}{1 + b_1 . p + b_2 . p^2 + b_3 . p^3}$$

gewählt. Zu bestimmen sind die Koeffizienten b_1, b_2, b_3. Da die Übertragungsfunktion des Gradkorrekturfaktors von gleicher Ordnung wie die der Lageregelung ist und das Gesamtverhalten bestimmt, können die gesuchten Koeffizienten mit Hilfe der Analogie zur Parameterabhängigkeit der Lageregelungskoeffizienten a_1, a_2, a_3 sowie der Optimierungsergebnisse bei der herkömmlichen Führungsgrößenvorgabe ermittelt werden. Dies geschieht dadurch, daß man sich die Übertragungsfunktion des Gradkorrekturfaktors aus einem System abgeleitet denkt, das die gleiche Struktur wie die Lageregelung hat, bei der Lageregelung mit Grundstruktur also einem Regelkreis entspricht. Die Parameter dieses fiktiven Regelkreises sind die Geschwindigkeitsverstärkung K_{vV}, der Dämpfungsgrad D_V und die Kennkreisfrequenz ω_{OV}. Die Koeffizienten des Gradkorrekturfaktors sind dann

$$b_1 = \frac{1}{K_{vV}} \quad , \quad b_2 = \frac{2 . D_V}{K_{vV} . \omega_{OV}} \quad , \quad b_3 = \frac{1}{K_{vV} . \omega_{OV}^2} \quad .$$

Entsprechend den bei Messungen und durch Optimierung ermittelten Einstellwerten muß zur Erzeugung einer zufriedenstellenden Bahntreue

$$0,2 < \frac{K_{vV}}{\omega_{OV}} = KVVB = KVB = \frac{K_v}{\omega_{OA}} < 0,4$$

und

$$D_V = 0{,}5 \ldots 0{,}6 = D_A$$

sein.

Je nach Wahl des Verhältnisses $\omega_{OV}/\omega_{OA} = c_{va}$ werden damit höhere Eckkreisfrequenzen ω_{LVE} erzielt. Wie Bild 4.2 zeigt, sind die Verläufe der zugehörigen Amlituden- und Phasengänge denjenigen der Lageregelung ohne Vorsteuerung (1) ähnlich.

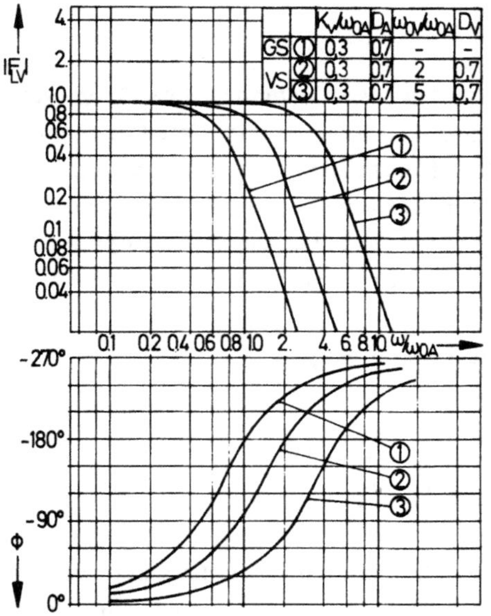

Bild 4.2 :
Frequenzkennlinien von Lageregelungen ohne (1) und mit (2), (3) Vorsteuerung

Die Einstellung der Koeffizienten nach den Optimierungsvor - schriften bewirkt außer der Erhöhung der Eckkreisfrequenzen auch eine Erhöhung der Beschleunigungsbeanspruchung um den Faktor c_{va} gegenüber der Lageregelung ohne Führungsgrößenvorsteuerung. Für den Maximalwert der Istbeschleunigung bei Vorsteuerung a_{imaxLV} wird mit dem Maximalwert der Istbeschleunigung der Lageregelung ohne Vorsteuerung a_{imax}

$$a_{imaxLV} = c_{va} \cdot a_{imax} \quad .$$

Dieser Maximalwert darf auf keinen Fall die seitens der Maschinenkonstruktion gegebenen Beanspruchungsgrenzen überschreiten. Es muß stets

$$a_{imaxLV} = a_{igrenz}$$

sein.

Diese Beziehung dient nun auch zur Festlegung eines Grenzwertes für den Vorsteuerfaktor $c_{vagrenz}$. Zusammen mit den Werten der Kennkreisfrequenz ω_{OA}, des Dämpfungsgrades D_A des Vorschubantriebs, der Geschwindigkeitsverstärkung K_v wird der ermittelte Grenzwert des Vorsteuerfaktors zur Bestimmung der Koeffizienten b_n (n = 1,2,3) des Gradkorrekturfaktors eingesetzt.

Für den Grenzwert des Vorsteuerfaktors gilt

$$c_{vagrenz} = \frac{a_{igrenz}}{a_{imax}}$$

wobei a_{imax} die maximale Istbeschleunigung der Lageregelung bei geschwindigkeitsgesteuerter Führungsgrößenerzeugung ohne Vorsteuerung darstellt. Für diese gilt näherungsweise /15/

$$a_{imax} = K_v \cdot \Delta v = KVB \cdot a_H \quad .$$

Hierbei sind $KVB = K_v / \omega_{OA}$ und $a_H = \Delta v \omega_{OA}$. Die Größe a_H stellt eine Hilfsbeschleunigung dar, die als Bezugsgröße für die im System vorhandenen Beschleunigungsgrößen dient. Δv ist die programmierte Geschwindigkeitsänderung.

Der Vorsteuerfaktor berechnet sich damit zu

$$c_{vagrenz} = \frac{a_{igrenz}}{K_v \cdot \Delta v} = \frac{a_{igrenz}}{KVB \cdot a_H} .$$

Aus dieser Gleichung geht hervor, je kleiner die ursprüngliche Geschwindigkeitsverstärkung des Lageregelkreises und je geringer die Geschwindigkeitsänderungen sind, desto größer wird der zulässige Vorsteuerfaktor. Bei einer üblichen Geschwindigkeitsverstärkung von $K_v = (10 \ldots 30)\ s^{-1}$, einer maximalen Geschwindigkeitsänderung von 12 m/min und einer zulässigen Grenzbeschleunigung von $a_{igrenz} = 10\ m/s^2$ wird der Vorsteuerfaktor

$$c_{vagrenz} = 1{,}5 \ldots 5 .$$

Die Bestimmungsgleichungen für die Koeffizienten des Gradkorrekturfaktors lauten mit dem Grenzwert des Vorsteuerfaktors

$$b_1 = \frac{1}{KVB\ c_{vagrenz} \cdot \omega_{OA}}$$

$$b_2 = \frac{2 \cdot D_A}{KVB\ c_{vagrenz}^2 \cdot \omega_{OA}^2}$$

$$b_3 = \frac{1}{KVB\ c_{vagrenz}^3 \cdot \omega_{OA}^3} .$$

Ist beispielsweise $K_v = 25\ s^{-1}$, $\omega_{OA} = 100\ s^{-1}$, $D_A = 0{,}5$, so wird $b_1 = 20$ ms, $b_2 = 100\,(ms)^2$ und $b_3 = 500\,(ms)^3$. Die Koeffizienten a_n der Vorsteuerung betragen hierbei: $a_1 = 40$ ms, $a_2 = 400\ (ms)^2$ und $a_3 = 4000\ (ms)^3$.

4.1.1.2 Vorsteuerung bei Lageregelungen mit erweiterter Struktur

Für Lageregelungen deren Übertragungsverhalten durch eine gebrochen rationale Übertragungsfunktion, jedoch höher als 3. Ordnung, beschreibbar ist, kann prinzipiell das in Abschnitt 4.1.1 dargestellte Verfahren zur Bestimmung der Vorsteuerung eingesetzt werden. Aufgrund der größeren Parameterzahl ist der Aufwand zur Koeffizientenbestimmung des zugehörigen Gradkorrekturfaktors der Vorsteuerung wesentlich höher, so daß das Verfahren in seiner ursprünglichen Form nicht mehr sinnvoll anwendbar ist. Es muß in seiner Anwendung etwas verändert werden.

Bei Lageregelungen mit Grundstruktur und angekoppeltem Schwingungsglied (s. Bild 2.13) wird die Vorsteuerung zur näherungsweisen Kompensation des Schwingungsgliedes außerhalb des Lageregelkreises eingesetzt. Der erforderliche Gradkorrekturfaktor, dessen Übertragungsverhalten nun dem eines Schwingungsgliedes entsprechen muß, ist so zu wählen, daß seine Überlagerung mit der Grundstruktur der Lageregelung zur Erhöhung der Eckkreisfrequenz und möglichst geringer Amplitudenüberhöhung im entsprechenden Amplitudengang des Gesamtsystems führt. Ein Beispiel zeigt Bild 4.3. Es enthält die Frequenzkennlinien von Lageregelungen mit Grundstruktur und angekoppeltem Schwingungsglied ohne (1) und mit (2) Vorsteuerung. Die Wahl der Parameter des Gradkorrekturfaktors erfolgt dabei mit Hilfe der Überlagerung des Frequenzganges der Lageregelung und dem eines Schwingungsgliedes im Bode-Diagramm. Mit den bei Lageregelkreisen üblichen Werten der bezogenen Geschwindigkeitsverstärkung von $K_V/\omega_{OA} \approx 0,3$ und $D_A \approx 0,5 \ldots 0,7$ muß der Dämpfungsgrad dieses Schwingungsgliedes $D_V \approx 0,1 \ldots 0,2$ sein und der Vorsteuerfaktor $c_{va} = \omega_{OV}/\omega_{OA} \approx 0,9 \ldots 1,5$ gewählt werden, damit der entstehende Amplitudenverlauf etwa demjenigen von Bild 4.3 entspricht.

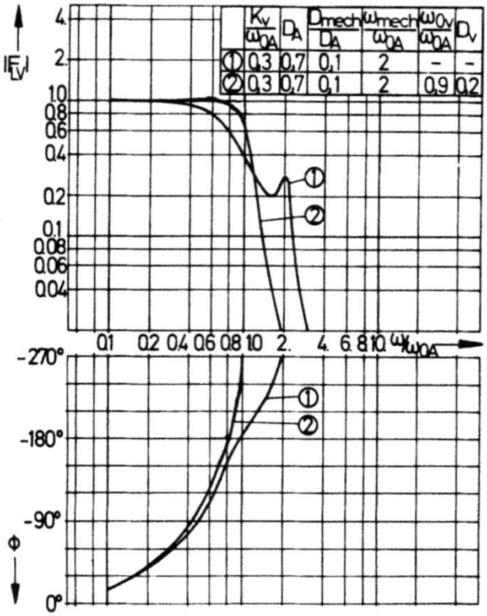

Bild 4.3: Frequenzkennlinien von Lageregelungen mit Grundstruktur und angekoppeltem Schwingungsglied ohne ① und mit ② Vorsteuerung

Bei Lageregelungen, die ein zweites Schwingungsglied innerhalb des Lageregelkreises besitzen (s. Bild 2.10) ist zunächst das Gesamtverhalten durch die Reihenschaltung eines linearen Systems 3. Ordnung - evtl. 2. Ordnung - mit einem System 2. Ordnung zu approximieren und dann die Vorsteuerung entsprechend der vorher beschriebenen Vorgehensweise zu bestimmen. Die Überprüfung der Approximation erfolgt zweckmäßigerweise anhand der Frequenzkennlinien.

Bei Lageregelungen mit Totzeit innerhalb des Lageregelkreises (s. Bild 2.05) ist ebenfalls eine Approximation des Gesamtverhaltens durch das eines Systems 3. Ordnung entsprechend dem der Lageregelung mit Grundstruktur jedoch höherer Geschwindigkeitsverstärkung K_V zweckmäßig. Die Reihenschaltung eines Schwingungsgliedes mit einem Verzögerungsglied 1. Ordnung ist auch möglich. Dies hängt von der Größe der Totzeit und den eingestellten Lageregelkreisparametern ab. Je nach gewählter Approximation wird für die Ermittlung der Vorsteuerung das für die Lagerregelung mit Grundstruktur eingesetzte Verfahren oder die für die Reihenschaltung von zwei Übertragungsgliedern dargestellte Vorgehensweise herangezogen.

4.1.2 Ausführung der Vorsteuerung

Die Ausführung der Vorsteuerung ist aufgrund der digital arbeitenden Führungsgrößenerzeugung numerisch gesteuerter Werkzeugmaschinen, des geforderten Auflösungsvermögens und der Länge der zu durchfahrenden Strecken nur mit digitalen Systemen sinnvoll. Diese Systeme müssen das beim Entwurf der Vorsteuerung gefundene Übertragungsverhalten realisieren. Grundlage sind die zugehörigen Zustandsgleichungen oder Blockschaltbilder im kontinuierlichen Zeitbereich. Zum Beispiel lautet die Zustandsgleichung im kontinuierlichen Zeitbereich für die Vorsteuerung 3. Ordnung mit den Koeffizienten a_n, b_n (n = 1, 2, 3) und den Zustandsgrößen s_n (n = 1, 2, 3) gemäß /25/ nach dem Verfahren des "Nested Programming":

$$\begin{bmatrix} \dot{s}_1(t) \\ \dot{s}_2(t) \\ \dot{s}_3(t) \end{bmatrix} = \begin{bmatrix} -\frac{b_2}{b_3} & 1 & 0 \\ -\frac{b_1}{b_3} & 0 & 1 \\ -\frac{1}{b_3} & 0 & 0 \end{bmatrix} \cdot \begin{bmatrix} s_1(t) \\ s_2(t) \\ s_3(t) \end{bmatrix} + \begin{bmatrix} \frac{a_2}{b_3} - \frac{a_3 b_2}{b_3^2} \\ \frac{a_1}{b_3} - \frac{a_3 b_1}{b_3^2} \\ \frac{1}{b_3} - \frac{a_3}{b_3^2} \end{bmatrix} \cdot s_f(t$$

$$s_{fv}(t) = s_1(t) + \frac{a_3}{b_3} \cdot s_f(t) \quad .$$

In Vektorschreibweise erhält man

$$\dot{\mathfrak{s}}(t) = \mathfrak{A}_k \cdot \mathfrak{s}(t) + \mathfrak{b}_k \cdot s_f(t)$$

$$s_{fv}(t) = \mathfrak{c}_k' \cdot \mathfrak{s}(t) + d_k \cdot s_f(t)$$

Darin bedeutet $\mathfrak{s}(t)$ der Zustandsvektor mit drei Komponenten, $\dot{\mathfrak{s}}(t)$ der Differentialquotient des Zustandsvektors, $s_f(t)$ die Lageführungsgröße und $s_{fv}(t)$ die verzerrte Lageführungsgröße. Entsprechend sind $\mathfrak{A}_k$, $\mathfrak{b}_k$, $\mathfrak{c}_k'$ und d_k eine quadratische Matrix, Vektoren und ein Skalar im kontinuierlichen Zeitbereich.

Ein Blockschaltbild, das den Differentialquotienten des Zustandsvektors $\dot{\mathfrak{s}}(t)$ mit der Ausgangsgröße $s_{fv}(t)$ und der Eingangsgröße $s_f(t)$ verknüpft, ist in Bild 4.4 dargestellt.

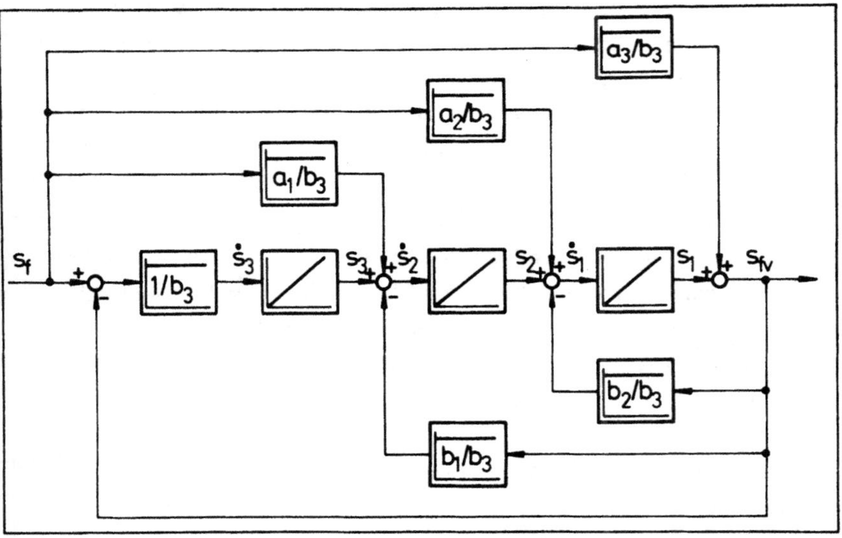

Bild 4.4: Blockschaltbild der Vorsteuerung 3. Ordnung zur Realisierung als kontinuierliches System

Zur digitalen Nachbildung des ermittelten Übertragungsverhaltens ist die Transformation der Zustandsgleichungen vom kontinuierlichen in den diskontinuierlichen Zeitbereich erforderlich. Aus dem kontinuierlichen wird ein diskontinuierliches System. Die zugehörige Zustandsgleichung lautet in Vektorschreibweise

$$\mathfrak{s}(\nu+1) = \mathfrak{A}_d \cdot \mathfrak{s}(\nu) + \mathfrak{b}_d \cdot s_f(\nu)$$

$$s_{fv}(\nu) = \mathfrak{c}_d' \cdot \mathfrak{s}(\nu) + d_d \cdot s_f(\nu)$$

Darin bedeuten: $s_f(\nu)$ die Eingangsgröße, $s_{fv}(\nu)$ die Ausgangsgröße, $\mathfrak{s}(\nu)$ der Zustandsvektor zum Zeitpunkt $t = \nu \cdot T_{ab}$ und $\mathfrak{s}(\nu+1)$ der Zustandsvektor zum Zeitpunkt $t = (\nu+1) \cdot T_{ab}$. Die Matrix $\mathfrak{A}_d$, die Vektoren $\mathfrak{b}_d$ und $\mathfrak{c}_d'$, die skalare Größe d_d kennzeichnen das Übertragungsverhalten des diskontinuierlichen Systems. Man erhält sie aus den entsprechenden Größen des kontinuierlichen Systems gemäß /26/.

Aus der Zustandsgleichung des diskontinuierlichen Systems kann eine lineare Differenzengleichung hergeleitet werden /12/. Diese drückt die Ausgangsgröße im Zeitpunkt $t = \nu \cdot T_{ab}$ durch frühere Werte dieser Ausgangsgröße und der Eingangsgröße aus. Die Zustandsgleichungen des diskontinuierlichen Systems erlauben die Realisierung der Vorsteuerung durch digitale Filter. Dies sind Systeme, die aus digitalen Verzögerungsgliedern, Multiplizier- und Addiergliedern bestehen und mit digitalen Bausteinen aufgebaut werden können /12/, /27/. Die Nachbildung der Übertragungsfunktion auf einem Digitalrechner durch Rekursionsformeln gemäß /28/ bietet eine weitere Möglichkeit zur Realisierung der Vorsteuerung.

Grundlage für eine weitere Realisierungsform der Führungsgrößenvorsteuerung ist deren Überführung in eine Hilfsgrößenaufschaltung entsprechend Kapitel 3. Das heißt, auf die Lageregelung wirkt neben der Lageführungsgröße s_f noch das Vorsteuergeschwindigkeitssignal v_v gemäß Bild 3.1 ein. Die Abhängigkeit der Vorsteuergeschwindigkeit von der Führungsgeschwindigkeit v_f ergibt sich aus dem Vergleich der Laplace-Transformierten der Lage-Istgröße bei Führungsgrößenvorsteuerung

$$s_i(p) = F_V(p) \cdot F_L(p) \cdot s_f(p)$$

und bei Hilfsgrößenaufschaltung

$$s_i(p) = (F_A(p)/p) \cdot v_s(p)$$

mit

$$v_s(p) = K_v \cdot (s_f(p) - s_i(p)) + v_v(p)$$

$$= (s_f(p) - s_i(p))/a_1 + v_v(p) \; .$$

Es ist danach

$$v_v(p) = \frac{1}{a_1} (F_V(p) - 1) \cdot s_f(p)$$

oder

$$v_v(p) = \frac{1}{a_1 p} (F_V(p) - 1) \cdot v_f(p) \qquad .$$

Ist beispielsweise bei vollständiger Führungsgrößenvorsteuerung $F_V(p)$ gegeben durch

$$F_V(p) = \frac{1 + a_1 p + a_2 p^2 + a_3 p^3}{1 + b_1 p + b_2 p^2 + b_3 p^3} \; ,$$

so wird

$$v_v(p) = \frac{1}{a_1} \cdot \frac{a_1 - b_1 + (a_2 - b_2)p + (a_3 - b_3)p^2}{1 + b_1 p + b_2 p^2 + b_3 p^3} \cdot v_f(p) \cdot$$

Dies bedeutet, daß mit Hilfe einer rational gebrochenen Hilfs - übertragungsfunktion $F_H(p)$ und der Führungsgeschwindigkeit v_f die Führungsgrößenvorsteuerung durch eine Hilfsgrößenaufschaltung realisiert werden kann. Für die digitale Ausführung gilt das oben Gesagte in entsprechender Weise.

4.2 Auswirkungen der Führungsgrößenvorsteuerung

Bei der Führungsgrößenvorsteuerung wird durch Verzerren der Lageführungsgrößen indirekt auch das Übertragungsverhalten der Lageregelungen beeinflußt. Dies ist bedingt durch die Ausle - gung der Vorsteuerung nach dem Gesichtspunkt der näherungsweisen Kompensation des Übertragungsverhaltens der Lageregelung oder Teilen davon. Das entstehende Gesamtsystem zwischen Lageführungsgröße und Lage-Istgröße besitzt eine höhere Eckkreisfrequenz als die ursprüngliche Lageregelung. Bei der vollständigen Vorsteuerung ist die Eckkreisfrequenz des Gesamtsystems $\omega_{LVE} / \omega_{OA} \approx 0{,}7 \cdot c_{vagrenz} \approx 1{,}0 \ldots 3{,}5$. Dadurch werden beim Fahren von Ecken die Überschwing- und Eckenabweichungen ver - kleinert. Bei der Lageregelung mit Grundstruktur und vollständiger Vorsteuerung gilt für die auftretenden Eckenabweichungen e_{aLV} und die Überschwingabweichungen $ü_{aLV}$ mit der Eckenabwei - chung e_a und der Überschwingabweichung $ü_a$ bei der Lageregelung ohne Vorsteuerung

$$e_{aLV} = e_a / c_{va}$$

und

$$ü_{aLV} = ü_a / c_{va} \quad .$$

Ist beispielsweise $c_{va} = c_{vagrenz} = 2$ nur möglich, so bedeutet dies bei einem Lageregelkreis mit $K_v = 30\ s^{-1}$, $\omega_{OA} = 100\ s^{-1}$, $D_A = 0{,}5$ und einer programmierten Bahngeschwindigkeit von 6 m/min eine Abnahme der 90°-Eckenabweichung e_{ar} von 0,91 mm auf 0,455 mm und der Überschwingabweichung $ü_a$ beim Haltevorgang von 0,3 μm auf 0,15 μm.

Die höheren Eckkreisfrequenzen des Gesamtsystems der Lageregelung mit Vorsteuerung erlauben bei kreisförmigen Bewegungen und unveränderten Toleranzen eine Erhöhung der Bahngeschwin - digkeit um den Faktor ω_{LVE}/ω_{LE}. Bei der vollständigen Vorsteuerung entspricht dieses Verhältnis dem Vorsteuerfaktor c_{va}.

Dieser beträgt bei einer Grenzbeschleunigung von ca. $10 m/s^2$ 1,5 ... 5. Die zulässige Winkelgeschwindigkeit erhöht sich hierdurch beispielsweise von $\omega_0/\omega_{0A} \approx 0,1$ auf $\omega_0/\omega_{0A} \approx 0,15$ ... 0,5.

Bei Lageregelungen mit unterschiedlichem Verhalten der Antriebssysteme kann durch die Vorsteuerung eine Anpassung der ungünstigeren Systeme an das günstigste erfolgen. Dies führt ebenfalls zu einer Verringerung der Bahnabweichungen. Am Beispiel einer 90°-Ecke ist dies in Bild 4.5 dargestellt. Kurve ① stellt den Verlauf der Istbahn beim Fahren ohne Halt für Lageregelungen mit gleicher Geschwindigkeitsverstärkung aber ungleichem Übertragungsverhalten der zugehörigen Antriebssysteme dar. Kurve ② zeigt den Verlauf bei übereinstimmendem Übertragungsverhalten der Systeme zu Lageeinstellung, wobei in y-Richtung die Vorsteuerung eingesetzt wird. Deutlich ist die Reduzierung der Bahnabweichungen von Kurve ② gegenüber Kurve ① zu erkennen.

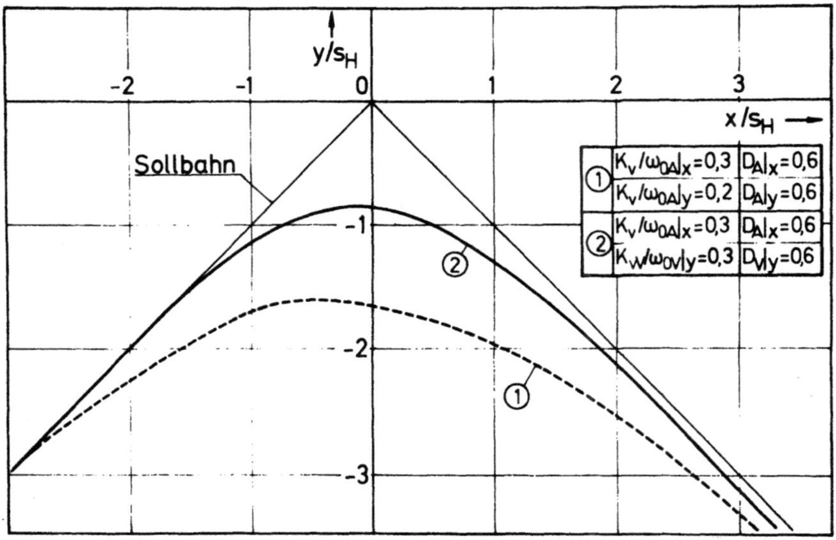

Bild 4.5: Istbahnverlauf beim Fahren einer 90°-Ecke ohne Halt ohne ① und mit ② Vorsteuerung bei ungleicher Antriebsdynamik

Die Verbesserung der Bahntreue durch die Vorsteuerung muß, wie bereits erwähnt, durch eine höhere Beanspruchung der Maschine und insbesondere der Antriebssysteme erkauft werden. Die Beschleunigungsbeanspruchung steigt im Verhältnis der erzielbaren Eckkreisfrequenz zur ursprünglich vorhandenen. Der Maximalwert liegt mit einer Grenzbeschleunigung von 10 m/s^2 bei einem Wert von etwa 5. Zur Gewährleistung des linearen Übertragungsverhaltens des Gesamtsystems sind je nach Erhöhung der Eckkreisfrequenz auch Erweiterungen der Aussteuerbereiche erforderlich. Beispielsweise muß der Aussteuerbereich für Antriebssysteme von Lageregelungen mit Grundstruktur bei einem Vorsteuerfaktor $c_{va} = 2$ um das 1,12-fache und einem Vorsteuerfaktor von $c_{va} = 5$ um das 3,8-fache erhöht werden. Die bezogenen Geschwindigkeitsverstärkungen betragen hierbei $K_V/\omega_{OA} = K_{vV}/\omega_{OV} = 0{,}3$. Der Dämpfungsgrad ist $D_A = D_V = 0{,}5 \ldots 0{,}6$.

4.3 Folgerungen

In diesem Kapitel wurde gezeigt, daß mit Hilfe der Führungsgrößenvorsteuerung bei linearen Systemen eine Verringerung der dynamischen Bahnabweichungen möglich ist. Dies geschieht durch Anpassung des Übertragungsverhaltens der Lageregelungen und durch Erhöhung der Eckkreisfrequenzen. Das Maß der Verringerung der dynamischen Bahnabweichungen wird bestimmt durch die von der Maschine vorgegebenen Beschleunigungsgrenzen. Die einzusetzenden Antriebssysteme und Regler benötigen größere Aussteuerbereiche und müssen höher beanspruchbar sein, um nicht durch innere Systembegrenzungen ein nichtlineares Übertragungsverhalten zu bewirken. Sind die Antriebssysteme und Regler fest vorgegeben, so ist eine Beschränkung der Führungsgrößenvorsteuerung auf ein Viertel bis ein Fünftel des gesamten Vorschubbereiches erforderlich.

Die durch die Umkehrspanne bedingten Bahnabweichungen können mit der Führungsgrößenvorsteuerung nicht verringert werden. Hieraus folgt, daß die Konstruktion der Maschine steif und spielfrei sein muß.

Unter der Voraussetzung eines näherungsweise linearen Verhaltens der Lageregelung und einer ausreichenden Dimensionierung der Antriebssysteme und Regler stellt die Führungsgrößenvorsteuerung eine Lösung zur Reduzierung der dynamischen Bahnabweichungen bei numerisch gesteuerten Werkzeugmaschinen dar. Bei nicht veränderbarer Beschleunigungsbeanspruchung bietet die Führungsgrößenvorsteuerung die Möglichkeit zur Anpassung des Übertragungsverhaltens der Lageregelungen. Hierdurch ergibt sich ebenfalls eine Verringerung der Bahnabweichungen. Bei der Festlegeung der Koeffizienten des Gradkorrekturfaktors ist darauf zu achten, daß der resultierende Amplitudengang im Bode-Diagramm möglichst bis hin zur Eckkreisfrequenz den Wert eins annimmt. Bei Lageregelungen höher als dritter Ordnung kann ein derartiger Verlauf des Amplitudenganges nur noch mit Hilfe einer graphischen und experimentellen Bestimmung der Koeffizienten erreicht werden.

5 Beeinflussung der Lageführungsgrößen durch Führungsgrößenglättung

Die Führungsgrößenglättung hat zum Ziel, die Knickstellen im Signalverlauf der Lageführungsgrößen zu beseitigen. Ein Beispiel für das Auftreten der Knickstellen zeigt Bild 2.18. Die im Signalverlauf der Lageführungsgrößen vorhandenen Knickstellen fallen mit den Anfahr-, Haltevorgängen und unstetigen Bahnrichtungsänderungen zusammen. Wie in Bild 2.19 zu sehen ist, besitzen die Führungsgeschwindigkeiten an diesen Stellen ebenfalls Knicke oder gar Sprungstellen.

Bei der Erzeugung der einzelnen elementaren Bahnelemente wird bei der herkömmlichen Führungsgrößenerzeugung von der Zeitproportionalität des Kurvenparameters $\vartheta(t)$ ausgegangen. Ist diese gegeben, so wird von einer geschwindigkeitsgesteuerten Führungsgrößenerzeugung oder Lageführungsgröße gesprochen. Bei geradlinigen und kreisförmigen Bahnelementen ist hierdurch die Soll-Bahngeschwindigkeit konstant. Den Verlauf des Kurvenparameters $\vartheta(t)$ über der Zeit für die elementaren Bahnelemente bei der geschwindigkeitsgesteuerten Führungsgrößenerzeugung zeigt Bild 5.1.

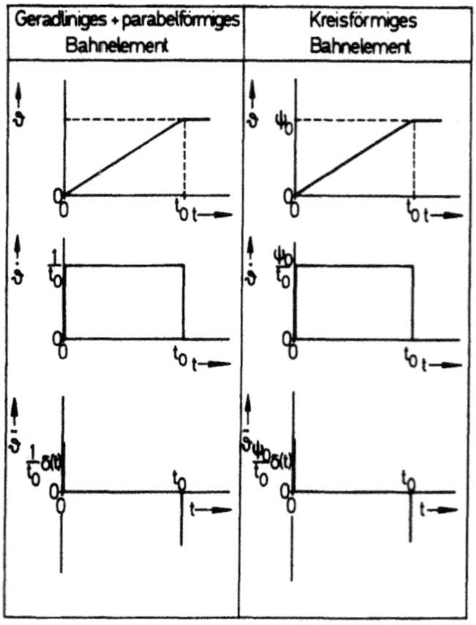

Bild 5.1: Parameterfunktion $\vartheta(t)$ für einen Bewegungsvorgang auf einem geradlinigen, kreis- und parabelförmigen Bahnelement bei herkömmlicher Führungsgrößenerzeugung

Gemäß Bild 5.1 ist der Parameterverlauf für einen abgeschlossenen Bewegungsvorgang auf einem der elementaren Bahnelemente eine Rampenfunktion über der Zeit. Die Parameterableitung 1.Ordnung $\dot{\vartheta}(t)$ nach der Zeit stellt eine Rechteckfunktion dar. Sie ist während der gesamten Bewegungsdauer auf einen konstanten Wert beschränkt. Die zweite Ableitung des Kurvenparameters nach der Zeit, die Parameterfunktion 2. Ordnung $\ddot{\vartheta}(t)$, besteht nur aus zwei Dirac-Impulsfunktionen.

5.1 Führungsgrößenglättung

Die Führungsgrößenglättung beruht nun darauf, daß beim Anfahren, beim Halten und beim nichtstetigen Bahnrichtungswechsel die Zeitproportionalität des Kurvenparameters $\dot{\vartheta}(t)$ zumindest zeitweise aufgehoben wird. Für die Parameterableitung 1. Ordnung bedeutet dies die Vermeidung sprungförmiger Übergänge bzw. die Einführung einer teilweisen Zeitabhängigkeit. Erreichbar ist dies durch die zusätzliche Beschränkung der Parameterableitungen höherer Ordnung. Dies führt zu keiner Verletzung der Bahnfahrbedingungen (s. Abschnitt 2.3.2). Aus diesen geht hervor, daß zu ihrer Erfüllung die Zeitabhängigkeit des Kurvenparameters $\vartheta(t)$ bei der Erzeugung einzelner Bahnelemente beliebig sein kann. Durch die Beschränkung weiterer Parameterableitungen werden bei den Bewegungsvorgängen auf den einzelnen Bahnelementen in die zugehörigen Lageführungsgrößen bereits Beschleunigungs- und Verzögerungsphasen eingefügt. Damit nun beim Aneinanderreihen derartig beeinflußter Bahnelemente keine Soll-Bahnverzerrungen entstehen, dürfen die Beschleunigungs- und Verzögerungsphasen der Lageführungsgrößen von aufeinanderfolgenden Bahnelementen sich nicht überlagern. Die gesamte Sollbahnbewegung muß sich vielmehr aus aufeinanderfolgenden Positioniervorgängen zusammensetzen, deren Lageführungsgrößen jeweils eine abgeschlossene Beschleunigungs- und Verzögerungsphase besitzen.
Für die Parameterableitung 1. Ordnung $\dot{\vartheta}(t)$ bedeutet dies, daß sie nach Durchlaufen eines Bahnelementes vorübergehend den Wert Null annehmen muß. Bei geradlinigen und kreisförmigen Bewegungen verursacht dies ein vorübergehendes Absinken der Sollbahn-

geschwindigkeit auf den Wert Null.

Durch die zusätzliche Beschränkung von Parameterableitungen höherer Ordnung werden die Bewegungsvorgänge gegenüber den herkömmlichen zeitlich verlängert. Zur Begrenzung der Zeitverlängerung ist daher ein zeitoptimaler Verlauf des Kurvenparameters $\vartheta(t)$ für die Erzeugung der elementaren Bahnelemente erforderlich. Diese wird erreicht, wenn jeweils eine der vorgeschriebenen Ableitungen erster oder höherer Ordnung zeitweise den Wert der zugehörigen Schranke annimmt /29/.

Betrachtet man die vorgeschriebene Parameterableitung höchster Ordnung als Eingangsgröße einer Steuerkette aus Integralgliedern, deren Ausgangsgröße die zeitoptimale Parameterfunktion $\vartheta(t)$ ist, so stellt die Eingangsfunktion eine begrenzte Folge von positiven und negativen Impulsen dar. Die Zahl N der Impulse läßt sich für den abgeschlossenen Bewegungsvorgang auf einem Bahnelement angeben durch

$$N = 2^{(\varkappa - 1)}$$

wobei $\varkappa = 1, 2, \ldots$ die Ordnungszahl der höchsten Ableitung angibt, die mit der Gesamtzahl λ der beschränkten Ableitungen übereinstimmt. Die Impulsbreiten und die Impulshöhen werden durch die Schranken der niederen Ableitungen und den Endwert von $\vartheta(t)$ bestimmt.

Mit Beschränkung der Parameterableitungen 1. und 2. Ordnung auf die Maximalwerte $\ddot{\vartheta}_{max} = 1/(t_0 \cdot t_1)$, $\dot{\vartheta}_{max} = 1/t_0$ sowie der Parameterfunktion auf $\vartheta_{max} = 1$ bzw ψ_0 ergibt sich für $\vartheta(t)$ der zeitoptimale Verlauf entsprechend Bild 5.2.

	Diagramme	$0 \leq t \leq t_1$	$t_1 \leq t \leq t_0$	$t_0 \leq t \leq t_2$	
Beschl.-vorgabe	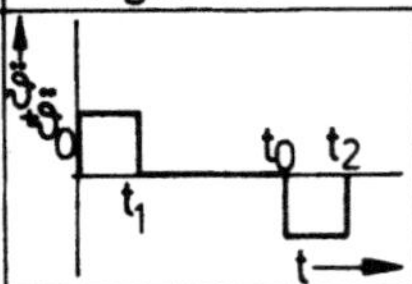	$\ddot{\vartheta} = \frac{1}{t_0 t_1}$	$\ddot{\vartheta} = 0$	$\ddot{\vartheta} = -\frac{1}{t_0 t_1}$	$t_1 = \dot{\vartheta}_0 / \ddot{\vartheta}_0$ $t_0 = \vartheta_0 / \dot{\vartheta}_0$ $t_2 = t_1 + t_0$
Geschw-vorgabe	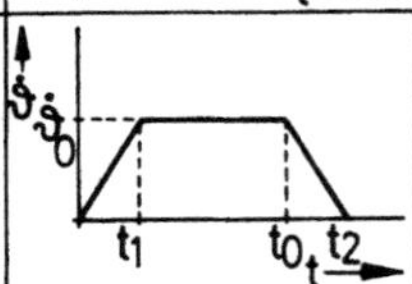	$\dot{\vartheta} = \frac{t}{t_0 t_1}$	$\dot{\vartheta} = \frac{1}{t_0} = \dot{\vartheta}_0$	$\dot{\vartheta} = \frac{1}{t_0 t_1}(t_0 + t_1 - t)$ $\vartheta_0 = 1$	$t_v = 1/2 t_1$ $t_z = t_1 = t_2 - t_0$
Weg-vorgabe	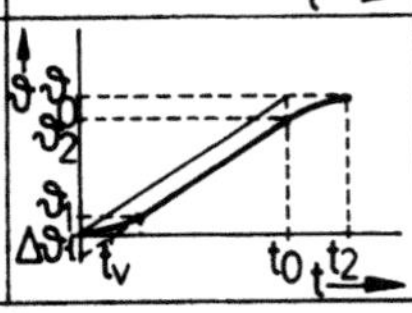	$\vartheta = \frac{t^2}{2 t_0 t_1}$	$\vartheta = \frac{t}{t_0} - \frac{t_1}{2 t_0}$	$\vartheta = 1 - \frac{1}{2 t_0 t_1}(t_0 + t_1 - t)^2$	$\Delta\vartheta = \dot{\vartheta}_0^2 / 2\ddot{\vartheta}_0$ $\vartheta_1 = \Delta\vartheta$ $\vartheta_2 = \vartheta_0 - \Delta\vartheta$

Bild 5.2: Zeitoptimaler Verlauf der Parameterfunktion $\vartheta(t)$ mit beschränkten Parameterableitungen 1. und 2. Ordnung

Die Parameterableitung $\dot{\vartheta}(t)$ ändert sich dabei solange linear mit der Zeit, bis der vorgegebene Wert $\dot{\vartheta} = \dot{\vartheta}_{max}$ erreicht wird. Dies bedeutet, daß die Parameterableitung 2. Ordnung $\ddot{\vartheta}(t)$ stückweise konstant ist und aus einem positiven und negativen Rechteckimpuls besteht. Wie aus den Gleichungen in Bild 5.2 hervorgeht, besitzt die Parameterfunktion $\vartheta(t)$ im Änderungsintervall von $\dot{\vartheta}(t)$ einen parabelförmigen Verlauf. Dazwischen ändert sich $\vartheta(t)$ nach wie vor linear mit der Zeit t. Für den gesamten Bewegungsvorgang ergibt sich ein s-förmiger Verlauf der Parameterfunktion. Knickstellen wie bei der Rampenfunktion sind nicht mehr vorhanden. Im zeitlinearen Bereich unterscheidet sich die s-förmige Parameterfunktion von der rampenförmigen durch den konstanten Glättungsabstand $\Delta\vartheta$. Es gilt

$$\Delta\vartheta = \vartheta_1 = \frac{t_1}{2t_0} = \frac{\dot{\vartheta}^2_{max}}{2 \cdot \ddot{\vartheta}_{max}} .$$

Hierbei sind: t_1 Anstiegszeit für $\dot{\vartheta}(t)$ auf $\dot{\vartheta}_{max}$, t_0 die Bewegungsdauer bei rampenförmiger Änderung des Kurvenparameters $\vartheta(t)$. Die zusätzliche Bewegungsdauer beträgt

$$t_z = t_1 = \frac{\dot{\vartheta}_{max}}{\ddot{\vartheta}_{max}} .$$

Zur Führungsgrößenglättung bei numerisch bahngesteuerten Werkzeugmaschinen genügt im allgemeinen die zusätzliche Beschränkung der Parameterableitung 2. Ordnung. Die damit erzeugten Lageführungsgrößen werden im folgenden als beschleunigungsgesteuerte Lageführungsgrößen bezeichnet. Dementsprechend wird von der beschleunigungsgesteuerten Führungsgrößenerzeugung gesprochen.

Bei einer geradlinigen Bahn ist der Zeitverlauf des zurückgelegten Weges l(t) ähnlich demjenigen des Kurvenparameters $\vartheta(t)$. Die Sollbahngeschwindigkeit und die Sollbahnbeschleunigung haben einen Funktionsverlauf entsprechend den Parameterableitungen 1. und 2. Ordnung des Kurvenparameters. Die Lageführungs - größen, die zugehörigen Führungsbeschleunigungen und Führungsgeschwindigkeiten ergeben sich daraus durch die Gewichtung mit einem richtungsabhängigen Faktor.

Bei kreisförmigen Bahnen entspricht der zeitliche Verlauf der Bogenlänge l(t) demjenigen des Kurvenparameters $\vartheta(t)$, die Bahngeschwindigkeit und die Bahnbeschleunigung den Ableitungen 1. und 2. Ordnung des Kurvenparameters. Die Lageführungsgrößen, die Führungsgeschwindigkeiten und die Führungsbeschleunigungen zur Lageeinstellung translatorischer Achsen werden zusätzlich einer nichtlinearen Transformation durch Sinus- und Cosinusfunktionen unterworfen. Aufgrund der multiplikativen Verknüpfung mit der 1. Ableitung des Kurvenparameters $\dot{\vartheta}(t)$ kann auch hier die Führungsgeschwindigkeit der einzelnen Achsen sich nicht sprungförmig ändern.

Bei parabelförmigen Bahnen ist der Zeitverlauf der Bogenlänge, der Bahngeschwindigkeit, der Sollbahnbeschleunigung, der Lageführungsgrößen, der Führungsgeschwindigkeiten und der Führungsbeschleunigung nicht mehr ähnlich dem Verlauf der zugehörigen Größen des Kurvenparameters. Dies beruht auf der nichtlinearen Verknüpfung der Parameterfunktionen mit den Bewegungsgrößen (s. Bild 2.17).

Für die Realisierung der Führungsgrößenglättung durch die beschleunigungsgesteuerte Führungsgrößenerzeugung sind entweder normierte Weg-Geschwindigkeitstabellen abzuspeichern, die bei Bedarf mit einer entsprechenden Gewichtung aufgerufen werden, oder es ist mit Hilfe eines Rechners eine direkte Funktionsberechnung durchzuführen.

5.2 Auswirkungen der Führungsgrößenglättung auf den Bahnverlauf

Die Führungsgrößenglättung durch die beschleunigungsgesteuerte Führungsgrößenerzeugung bewirkt mit linearen Systemen stets eine Reduzierung der Ecken- und Überschwingabweichungen bei nicht stetigen Bahnrichtungsänderungen. Ein Beispiel hierfür zeigt Bild 5.3. Darin sind die Istbahnverläufe beim Fahren von Ecken mit geschwindigkeitsgesteuerter und beschleunigungsgesteuerter Führungsgrößenerzeugung dargestellt. Die Lageregelungen besitzen dabei jeweils in beiden Achsen entweder die Grundstruktur oder eine Totzeit oder ein zweites Schwingungsglied innerhalb oder außerhalb des Lageregelkreises, entsprechend Abschnitt 2.3.1.2. Die Istbahnverläufe bei geschwindigkeitsgesteuerter Führungsgrößenerzeugung sind gestrichelt dargestellt. Stark ausgezogen sind die Istbahnen für die beschleunigungsgesteuerte Führungsgrößenerzeugung. Die zugehörigen Parameterwerte sind mitangeführt. Ist $\omega_{OA} = 100\ s^{-1}$, die Bahngeschwindigkeitsänderung beim Anfahren der Ecke $\Delta v_B = 3$ m/min, so wird der Hilfsweg $s_H = v_B / \omega_{OA} = \Delta v_B/\omega_{OA} = 0{,}5$ mm und die Hilfsbeschleunigung $a_H = \Delta v_B \cdot \omega_{OA} = 5\ m/s^2$. Der Wert der Führungsbeschleunigung a_{fO} ist dann auf 0,45 m/s^2 eingestellt.

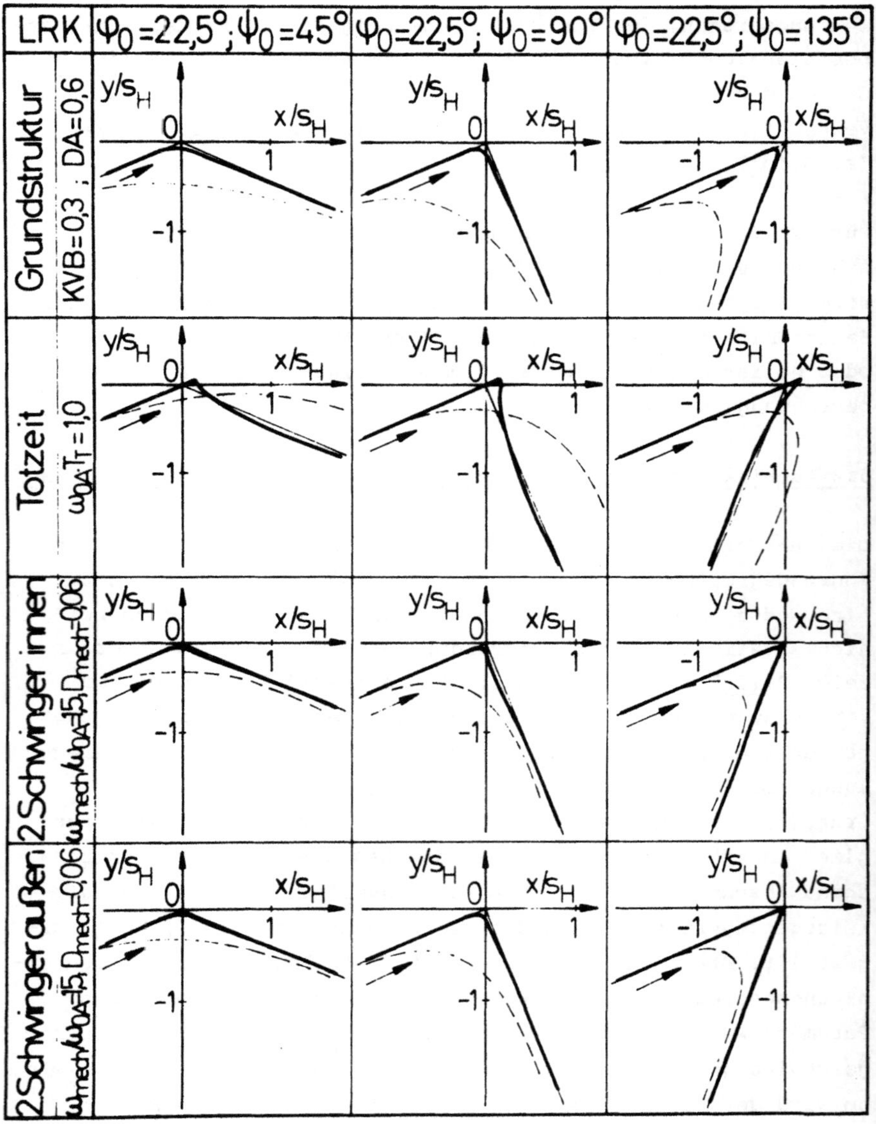

Bild 5.3: Bahnbewegungen mit linearen Lageregelungen unterschiedlicher Struktur bei geschwindigkeits- [----] und beschleunigungsgesteuerter [———] Führungsgrössenerzeugung. (K_v/ω_{OA} = 0,3, D_A = 0,6, a_{f0}/a_H = 0,09)

Bei nichtlinearen Lageregelungen mit einer innerhalb oder außerhalb des Lageregelkreises liegenden Umkehrspanne (s. Bild 2.15 und Bild 2.16) sind die Auswirkungen der beschleunigungsgesteuerten Führungsgrößenerzeugung nicht einheitlich. Der Einfluß auf die Eckenabweichungen entspricht demjenigen bei linearen Systemen. Dies bedeutet, daß mit kleiner werden Werten der Führungsbeschleunigung a_{f0} die Eckenabweichung zurückgeht. Bei den Lageregelungen mit Hysterese-Glied im Lageregelkreis ist diese Abnahme identisch mit derjenigen bei den linearen Systemen. Die Größe der zugehörigen Umkehrspanne und die Ausgangsrichtung der Bewegung, gekennzeichnet durch den Winkel φ_0, haben darauf keinen Einfluß. Bei den Lageregelungen mit einem Hysterese-Glied außerhalb des Lageregelkreises ist eine untere Grenze durch die Umkehrspanne in Verbindung mit der Bahnrichtungsänderung gegeben. Der Bahnversatz, wie ihn z.B. Bild 2.22 zeigt, kann nicht beseitigt werden.

Die Reduzierung der Überschwingabweichungen bei Lageregelungen mit Hysterese-Glied in den Lageregelkreisen erfordert eine starke Beschränkung des Wertes der Führungsbeschleunigung a_{f0}. Untersuchungen ergaben, daß eine Verringerung der Überschwingabweichungen für alle Bahnrichtungen möglich ist, wenn der Wert der Führungsbeschleunigung $a_{f0} < \Delta v_B \cdot K_v / 2$ ist. Liegt er darüber, so kann je nach Bahnverlauf und Lageregelungsparametern gegenüber der entsprechenden Überschwingabweichung bei geschwindigkeitsgesteuerter Führungsgrößenerzeugung eine Vergrößerung oder Verkleinerung auftreten. Die Verringerung der Überschwingabweichungen ist stets geringer als bei den entsprechenden linearen Systemen.

Beispiele für die Istbahnverläufe bei Lageregelungen mit Hysterese-Glied in den Lageregelkreisen und unterschiedlichen Werten der Führungsbeschleunigung sind in Bild 5.4 dargestellt. Zum Vergleich ist der Istbahnverlauf bei geschwindigkeitsgesteuerter Führungsgrößenerzeugung mit aufgeführt und am gestrichelten Linienzug zu erkennen. Die bezogene halbe Umkehrspanne entspricht in allen angegebenen Fällen dem Hilfsweg s_H.

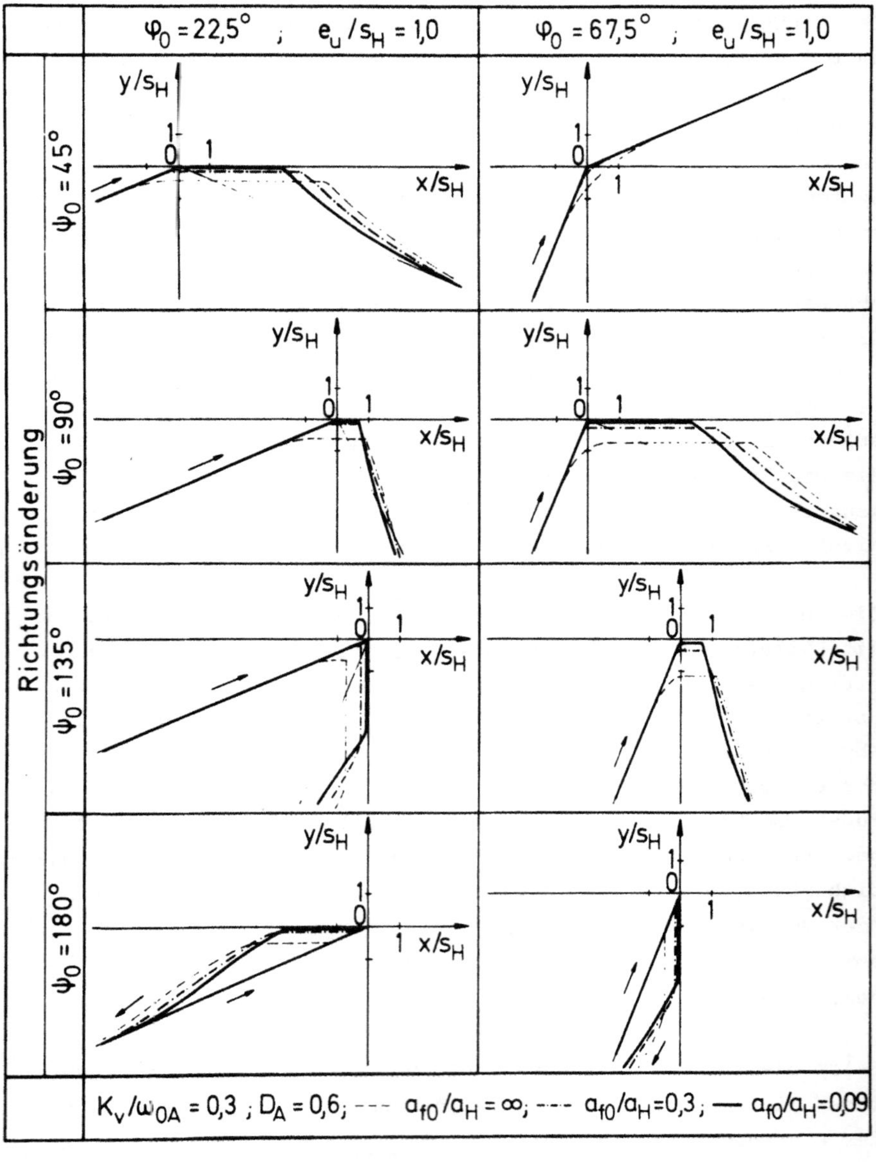

Bild 5.4: Bahnbewegung mit nichtlinearen Lageregelungen bei geschwindigkeits- [------] und beschleunigungsgesteuerter Führungsgrößenerzeugung. (K_v/ω_{0A} = 0,3, D_a = 0,6, [-·-·-·-] a_{f0}/a_H = 0,3, [———] a_{f0}/a_H = 0,09).

Eine weitere Reduzierung der Eckenabweichungen bei beschleunigungsgesteuerter Führungsgrößenerzeugung ist möglich, wenn der Beginn der aufeinanderfolgenden Bewegungsvorgänge auf den Bahnelementen zusätzlich von Informationsrückmeldungen aus den Lageregelungen abhängt. Die Führungsgrößenausgabe für einen neuen Bewegungsvorgang kann dann erst erfolgen, wenn z.B. alle Lage-Istgrößen sich innerhalb eines vorgegebenen Toleranzbereiches e in bezug auf den anzufahrenden Bahnstützpunkt befinden. Abhängig vom vorgegebenen Toleranzbereich entstehen Verweilzeiten t_e, während denen sich die Lageführugsgrößen nicht verändern. Ein Beispiel zeigt Bild 5.5 anhand einer achsparallelen 90°-Ecke. Die Ecke fällt dabei mit dem Ursprung eines xy-Koordinatensystems zusammen. Die Lageregelungen für die Istbahnerzeugung besitzen Grundstruktur.

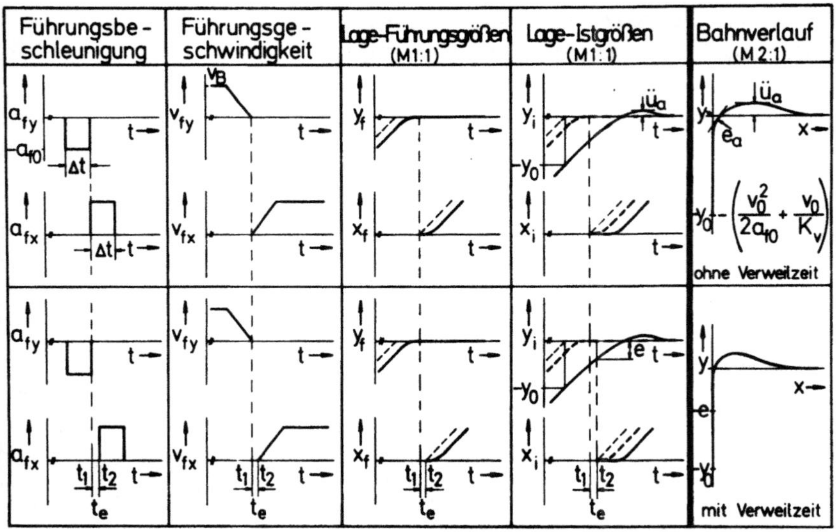

Bild 5.5: Signalverlauf bei beschleunigungsgesteuerter Führungsgrößenerzeugung mit toleranzabhängiger Verweilzeit zur Erzeugung einer achsparallelen 90°-Ecke.

In der oberen Hälfte des Bildes ist der Signal- und Bahnverlauf bei beschleunigungsgesteuerter Führungsgrößenerzeugung darge - stellt. In der unteren Hälfte ist ebenfalls der Signal- und Bahnverlauf bei beschleunigungsgesteuerter Führungsgrößenerzeugung zu sehen, aber erweitert durch eine toleranzabhängige Verweilzeit t_e zwischen zwei aufeinanderfolgenden Bewegungsvorgängen. Der Vergleich der Istbahnen zeigt, daß durch die zusätzliche Verweilzeit t_e die Eckenabweichung weiter verringert wird. Die Überschwingabweichung bleibt davon unberührt.

Ein Beispiel zeigt Bild 5.6. Darin sind für zwei Testbahnen, die mit einer CNC-gesteuerten (Computerized Numerical Control) Maschine erzeugten Istbahnen bei geschwindigkeitsgesteuerter und beschleunigungsgesteuerter Führungsgrößenerzeugung mit tolranzabhängiger Verweilzeit dargestellt.

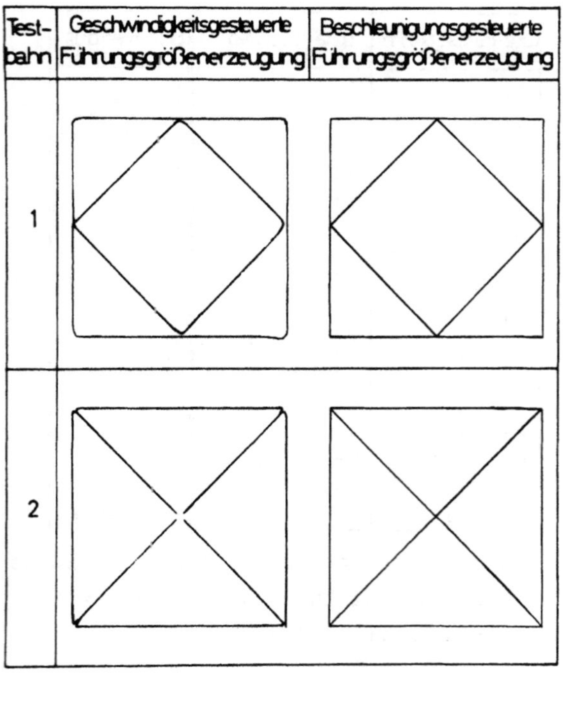

Bild 5.6 : Experimentell ermittelte Istbahnverläufe mit und ohne beschleunigungsgesteuerte Führungsgrößenerzeugung

Der Vergleich der entsprechenden Bahnen zeigt deutlich eine Verbesserung der Bahntreue durch die beschleunigungsgesteuerte Führungsgrößenerzeugung. Bei einer programmierten Bahngeschwindigkeit von 6 m/min, einer Geschwindigkeitsverstärkung von $K_v = 15\ s^{-1}$ und einer eingestellten Führungsbeschleunigung von $a_{f0} = 0{,}275\ m/s^2$ sowie einer Einfahrtoleranz von ca. 30 µm wird beispielsweise die Eckenabweichung bei einer rechtwinkligen Ecke von 2,8 mm mit der vorliegenden Zeichengenauigkeit auf den Wert Null reduziert. Bei der Testbahn 2 gemäß Bild 5.6 verschwinden die durch die Richtungsumkehr ohne Beschleunigungsbeeinflussung in den Diagonalen entstehenden Lücken von 7 mm.

5.3 Auswirkungen der Führungsgrößenglättung auf die Bahnabweichungs- und Bewegungskenngrößen

Eine quantitative Aussage über die Auswirkungen der beschleunigungsgesteuerten Führungsgrößenerzeugung ist mit Hilfe ihres Einflusses auf die Kenngrößen der Bahnabweichungen und der Bewegung möglich. Dazu sind nachfolgend Diagramme zusammengestellt, die sich auf Lageregelungen mit und ohne Totzeit in der Lageregelstrecke beziehen. Die Lageregelung ohne Totzeit-Glied ist der Grenzfall für verschwindende Totzeiten im Übertragungsverhalten der Vorschubantriebe. Die Lageregelung mit Totzeitglied wird gewählt, da diese Struktur, wie Messungen gezeigt haben /13/,/14/, am häufigsten auftritt.

Die in den Diagrammen dargestellten Kurven sind über der doppelt bezogenen Führungsbeschleunigung $(a_{f0}/a_H)/(K_v/\omega_{0A})$ aufgetragen. Die zugehörige bezogene Geschwindigkeitsverstärkung K_v/ω_{0A} sowie der Dämpfungsgrad D_A des Antriebssystems und die bezogene Totzeit sind als Parameter angegeben. Die bei geschwindigkeitsgesteuerter Führungsgrößenerzeugung auftretenden Werte der Kenngrößen sind gestrichelt in die Diagramme eingetragen und zusätzlich in einer Tabelle angegeben. Sie stellen zugleich die Grenzwerte der Kenngrößen für die beschleunigungsgesteuerte Führungsgrößenerzeugung, wenn a_{f0} gegen Unendlich geht.

Die Diagramme stellen im einzelnen dar:

- Die bezogene Eckenabweichung e_{ar}/s_H beim Fahren von 90°-Ecken (Bild 5.7 bis 5.9).
- Die bezogene Überschwingabweichung $ü_a/s_H$ beim Fahren einer 90°-Ecke oder des Haltevorganges beim Positionieren (Bild 5.10 bis 5.12).
- Die bezogene maximale Istbeschleunigung a_{imax}/a_H bei der Geschwindigkeitsänderung Δv_B (Bild 5.13 bis 5.15).
- Die normierte Istgeschwindigkeitsüberhöhung $v_{iü}/\Delta v_B$ bei der Geschwindigkeitsänderung Δv_B (Bild 5.16 bis 5.18).
- Die normierte Sollgeschwindigkeitsüberhöhung $v_{sü}/\Delta v_B$ bei der Geschwindigkeitsänderung Δv_B (Bild 5.19 bis 5.21).
- Die bezogene Beschleunigungs-Verzögerungs-Strecke s_{pos}/s_H für einen abgeschlossenen Positioniervorgang (Bild 5.22).

Die Sollgeschwindigkeits- und Istgeschwindigkeitsüberhöhung $v_{sü}$ bzw. $v_{iü}$ kennzeichnen den aufgrund des dynamischen Verhaltens der Lageregelung erforderlichen zusätzlichen Austeuerbereich für die entsprechenden Geschwindigkeiten. Für die Ist- bzw. die Sollgeschwindigkeitsüberhöhung gilt:

$$v_{iü} = \Delta v_{imax} - \Delta v_B$$

$$v_{sü} = \Delta v_{smax} - \Delta v_B \quad .$$

Das Diagramm für die Eckenabweichung setzt einen pausenfreien Übergang zwischen den aufeinanderfolgenden Verzögerungs- und Beschleunigungsphasen voraus.

Für die Beschleunigungs-Verzögerungsstrecke, die durch das direkte Aufeinanderfolgen eines Beschleunigungs- und Verzögerungsvorganges auf bzw. aus der Bahngeschwindigkeit entsteht, gilt:

$$s_{pos} = \frac{\Delta v_B^2}{a_{f0}}$$

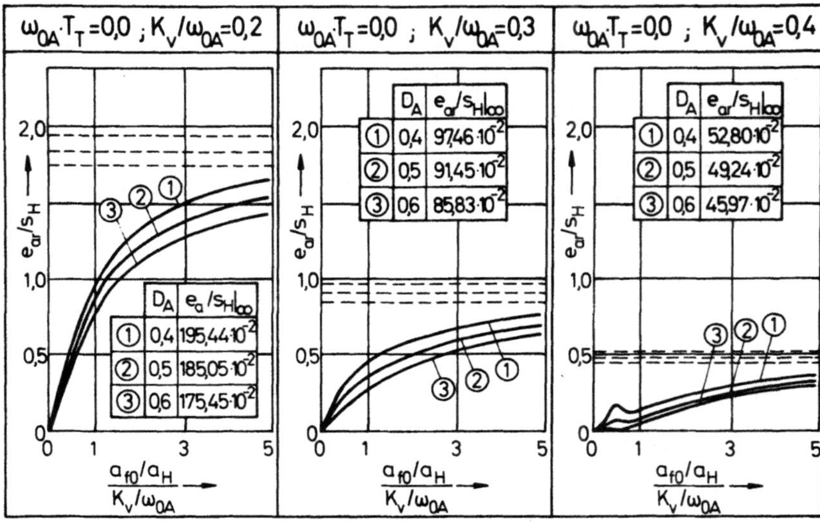

Bild 5.7: Bezogene Eckenabweichung beim Fahren einer 90°-Ecke. Lageregelkreis mit Grundstruktur.

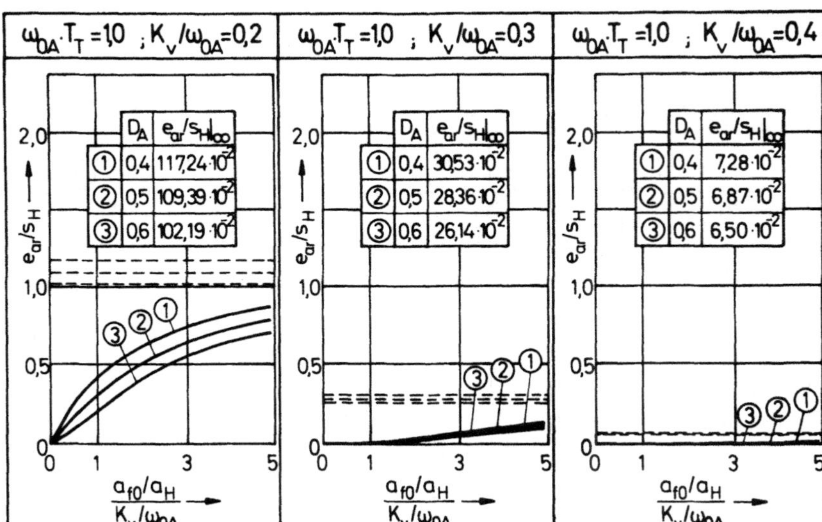

Bild 5.8: Bezogene Eckenabweichung beim Fahren einer 90°- Ecke. Lageregelkreis besitzt eine Totzeit ($\omega_{OA} \cdot T_T = 1$)

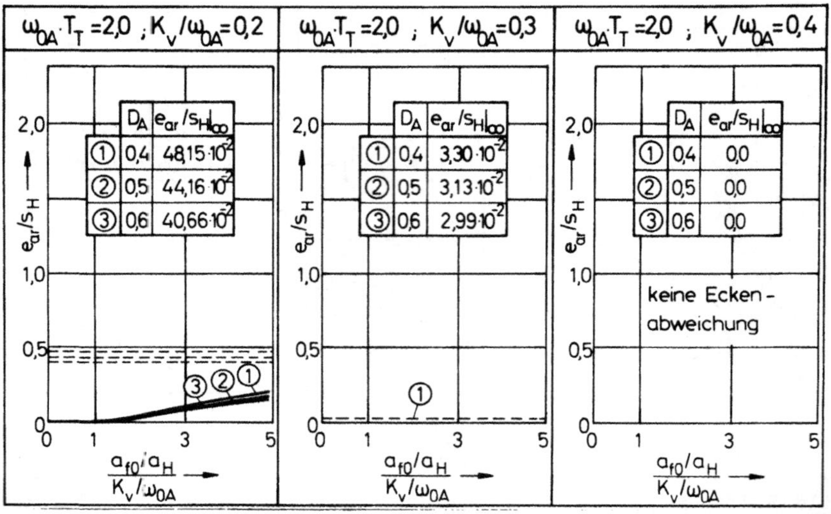

Bild 5.9: Bezogene Eckenabweichung beim Fahren einer 90°-Ecke. Lageregelkreis mit Totzeit ($\omega_{OA} \cdot T_T = 2$)

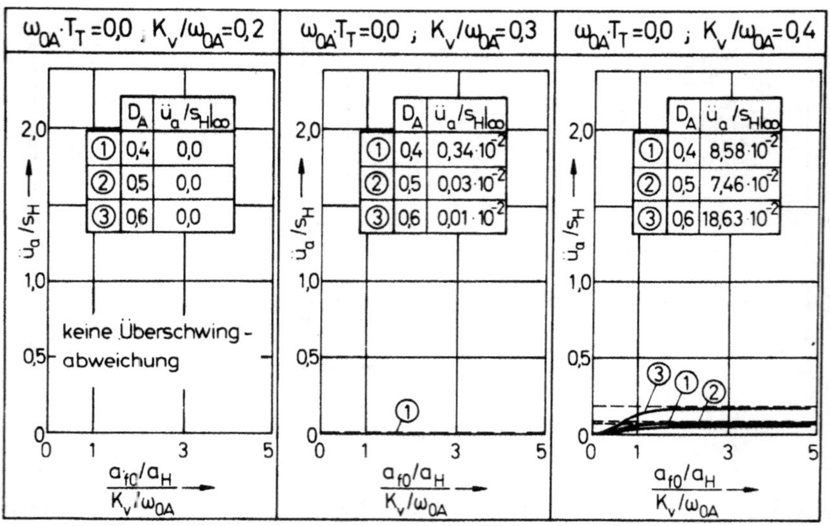

Bild 5.10: Bezogene Überschwingabweichung beim Haltevorgang. Lageregelkreis mit Grundstruktur.

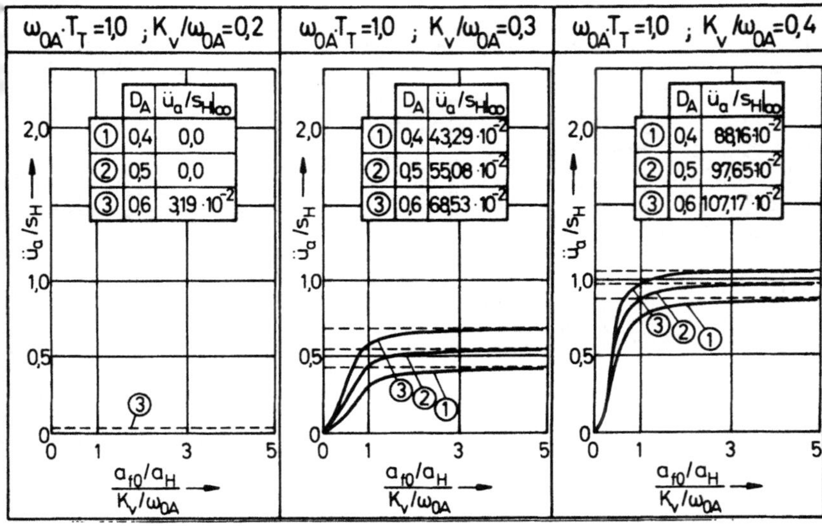

Bild 5.11: Bezogene Überschwingabweichung beim Haltevorgang. Lageregelkreis mit Totzeit ($\omega_{OA}.T_T$ = 1)

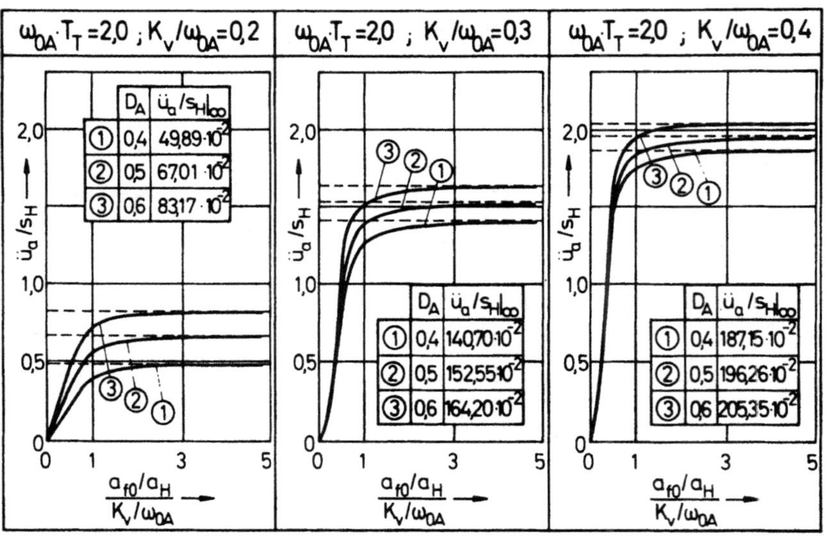

Bild 5.12: Bezogene Überschwingabweichung beim Haltevorgang. Lageregelkreis mit Totzeit ($\omega_{OA}.T_T$ = 2)

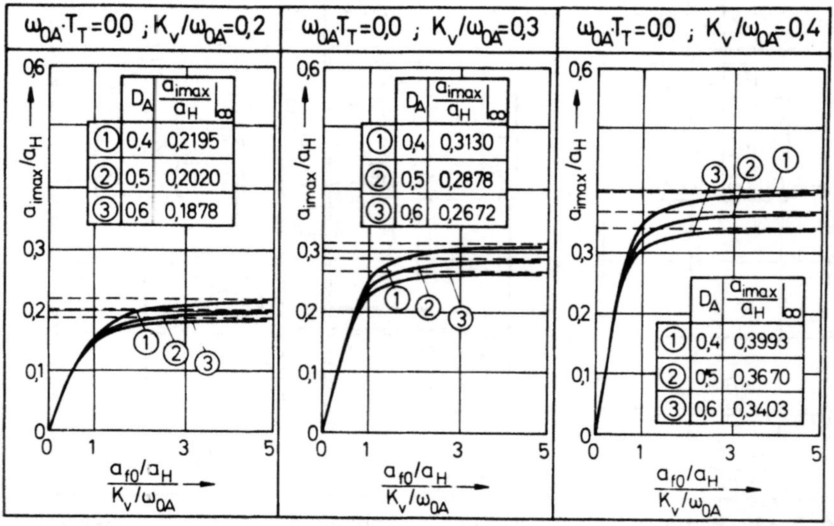

Bild 5.13: Bezogene maximale Istbeschleunigung -verzögerung beim Anfahren bzw. Halten. Lageregelkreis mit Grundstruktur.

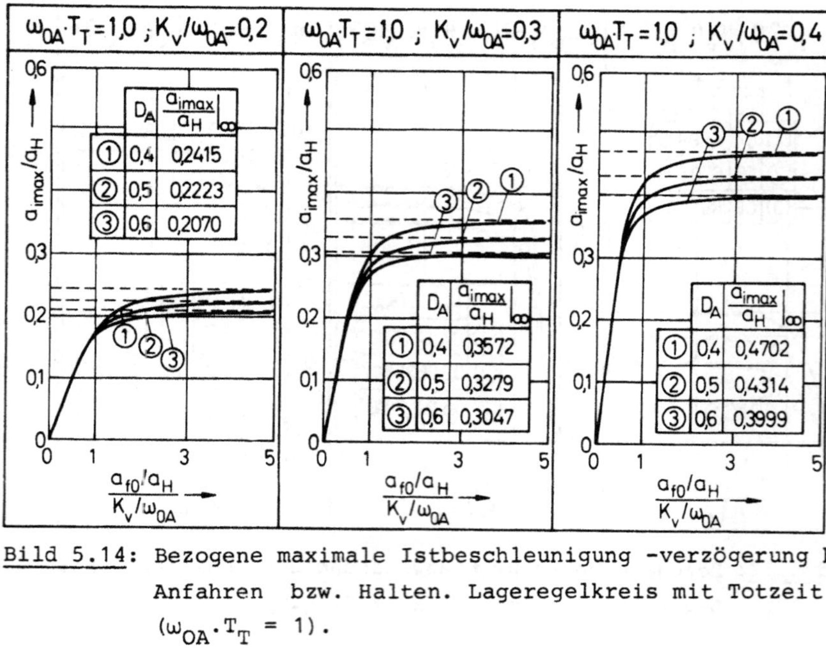

Bild 5.14: Bezogene maximale Istbeschleunigung -verzögerung beim Anfahren bzw. Halten. Lageregelkreis mit Totzeit ($\omega_{OA} \cdot T_T = 1$).

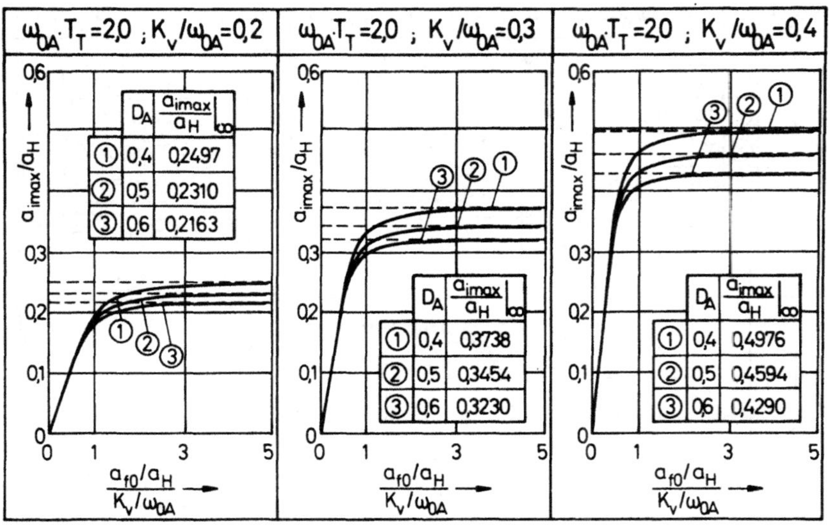

Bild 5.15: Bezogene maximale Istbeschleunigung -verzögerung beim Anfahren bzw. Halten. Lageregelkreis mit Totzeit ($\omega_{OA} \cdot T_T = 2$).

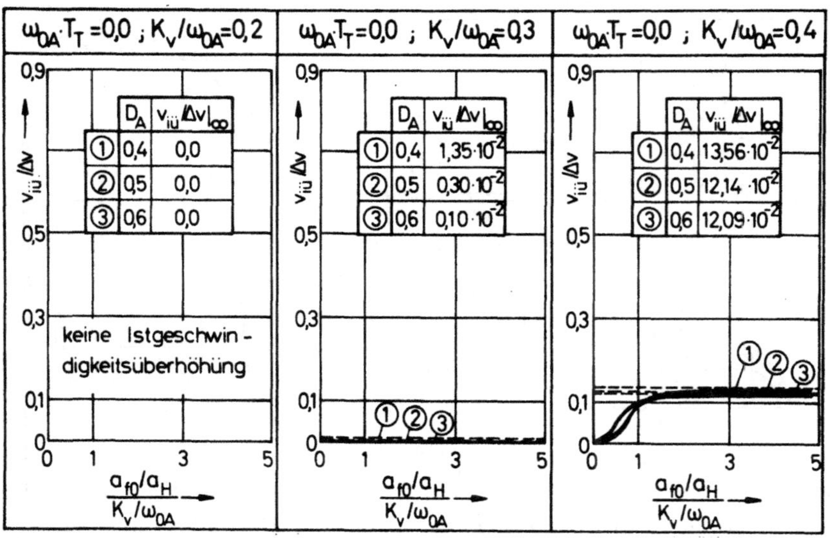

Bild 5.16: Bezogene maximale Istgeschwindigkeitsüberhöhung. Lageregelkreis mit Grundstruktur.

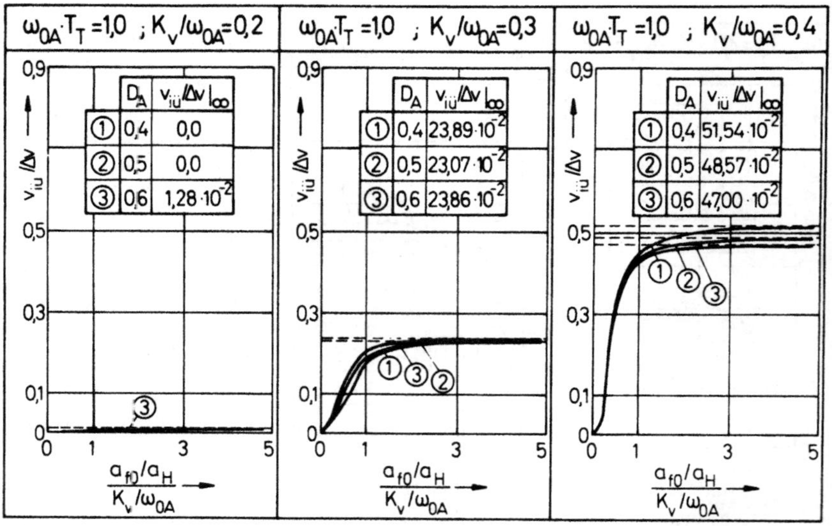

Bild 5.17: Bezogene maximale Istgeschwindigkeitsüberhöhung. Lageregelkreis mit Totzeit ($\omega_{OA} \cdot T_T = 1$)

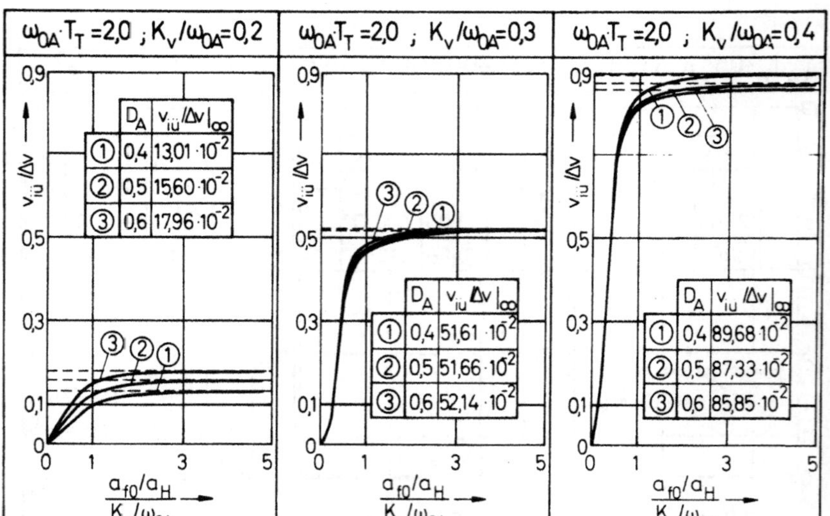

Bild 5.18: Bezogene maximale Istgeschwindigkeitsüberhöhung. Lageregelkreis mit Totzeit ($\omega_{OA} \cdot T_T = 2$).

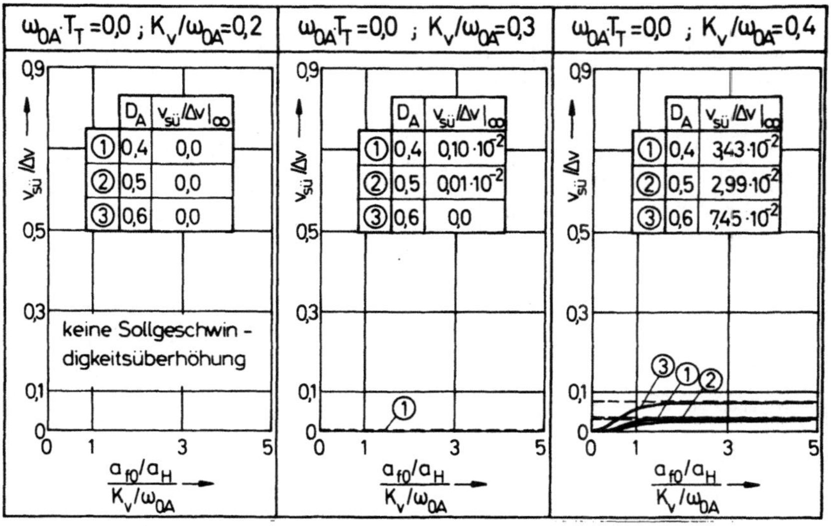

Bild 5.19: Bezogene maximale Sollgeschwindigkeitsüberhöhung. Lageregelkreis mit Grundstruktur.

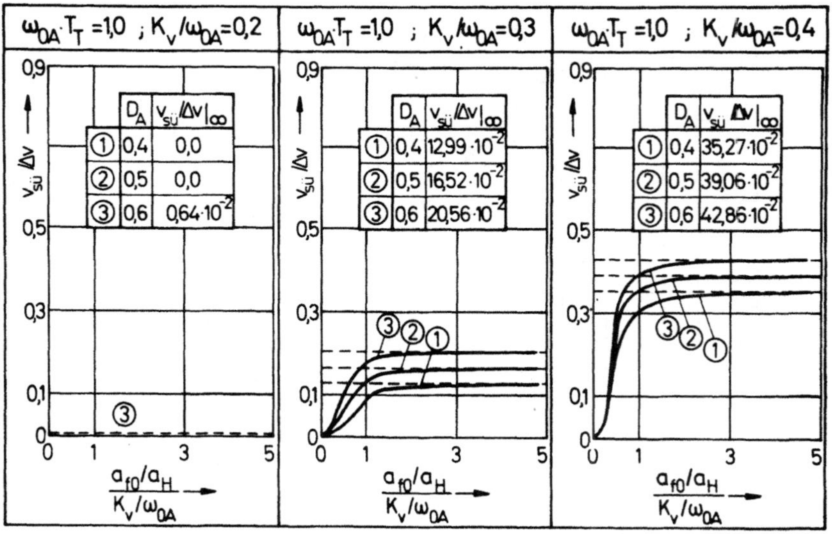

Bild 5.20: Bezogene maximale Sollgeschwindigkeitsüberhöhung. Lageregelkreis mit Totzeit ($\omega_{OA} \cdot T_T = 1$).

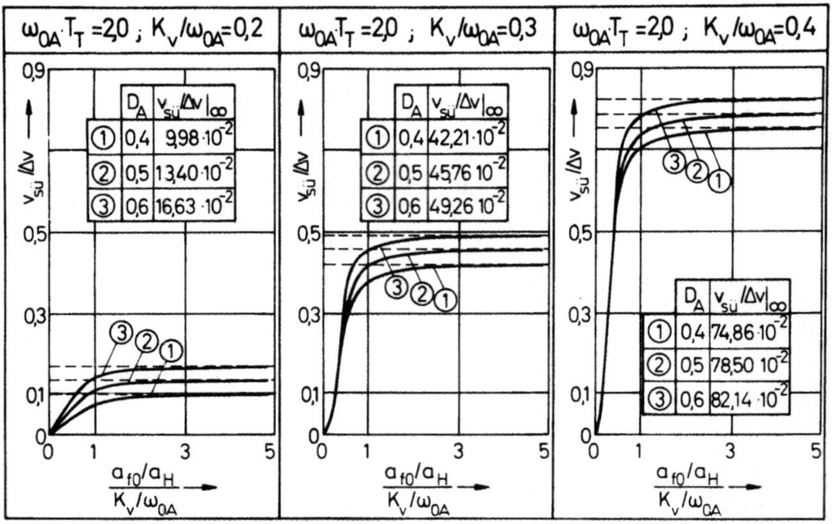

Bild 5.21: Bezogene maximale Sollgeschwindigkeitsüberhöhung. Lageregelkreis mit Totzeit ($\omega_{OA} \cdot T_T = 2$).

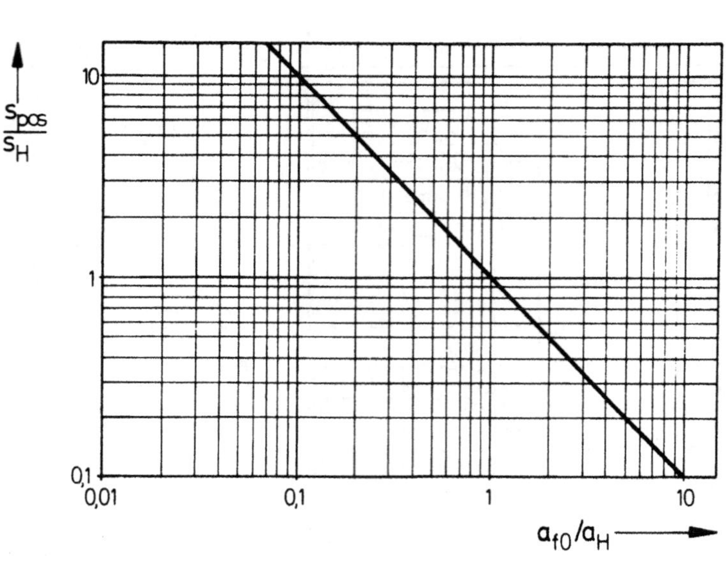

Bild 5.22: Beschleunigungs-Verzögerungsstrecke für einen Positioniervorgang.

Aus allen Diagrammen geht hervor, daß mit zunehmender Beschränkung der Führungsbeschleunigung a_{f0} die Bahnabweichungskenngrößen und die Bewegungskenngrößen kleiner werden. Die Führungsgrößenglättung durch die beschleunigungsgesteuerte Führungsgrößenerzeugung führt also nicht nur zu einer Verbesserung der Bahntreue sondern auch zu einer Verminderung der Beanspruchung der Lageregelungselemente. Insbesondere werden die Maximalwerte der Bewegungskenngrößen reduziert. Aus den Diagrammen für die bezogenen Maximalwerte der Istbeschleunigung geht hervor, daß für

$$a_{f0} < \Delta v_B \, K_v/2$$

nahezu Übereinstimmung zwischen dem vorgegebenen Wert der Führungsbeschleunigung a_{f0} und dem im Lageregelsystem auftretenden Maximalwert der Istbeschleunigung a_{imax} besteht.

Die in Bild 5.7 bis Bild 5.22 dargestellten Diagramme bieten die Möglichkeit, für ein gegebenes Lageregelsystem, das durch einen Lageregelkreis mit Totzeitglied angenähert werden kann, bei bekannter Führungsbeschleunigung die zu erwartenden Verringerungen der dynamischen Bahnabweichungen und die auftretenden Beanspruchungen abzuschätzen. Weiter dienen die Diagramme auch dazu, anhand vorgegebener Toleranzen und Beanspruchungsgrenzen einen geeigneten Wert der Führungsbeschleunigung a_{f0} zu ermitteln, der in der Steuerung einzustellen ist.

5.3.1 Beispiel zur Anwendung der Diagramme für die Führungsgrößenglättung

Im nachfolgenden Beispiel werden die mit und ohne Führungsgrößenglättung entstehenden Werte der Bahnabweichungs- und Bewegungskenngrößen einander gegenübergestellt. Sie werden mit Hilfe der in den Bildern 5.7 bis 5.22 dargestellten Diagrammen ermittelt. Gegeben sei dabei ein Lageregelungssystem mit folgenden Daten: $K_v = 30\ s^{-1}$, $\omega_{0A} = 100\ s^{-1}$, $D_A = 0{,}5$, $T_T = 10$ ms, $v_B = \Delta v_B = 6$ m/min und $a_{f0} = 0{,}75\ m/s^2$. Daraus ergeben sich die Bezugsgrößen zu $s_H = v_B/\omega_{OA} = 1$ mm, $a_H = v_B \cdot \omega_{OA} = 10$ m/s^2, KVB = $K_v/\omega_{OA} = 0{,}3$, $\omega_{OA} \cdot T_T = 1{,}0$. Die auf a_H bezogene Führungsbeschleunigung wird $a_{f0}/a_H = 0{,}075$. Die doppelt bezogene Führungsbeschleunigung wird $(a_{f0}/a_H)/(K_v/\omega_{OA}) = 0{,}25$. Die damit aus den Diagrammen abgelesenen bezogenen Werte der Bahnabweichungs- und Bewegungskenngrößen bei geschwindigkeits- und beschleunigungsgesteuerter Führungsgrößenerzeugung sind mit den dazugehörenden absoluten Werten tabellarisch in Bild 5.23 einander gegenübergestellt. Als Abkürzungen dienen: BK für bezogene Kenngrößen, AK für Absolutwerte der Kenngrößen, BFE für beschleunigungsgesteuerte Führungsgrößenerzeugung und GFE für geschwindigkeitsgesteuerte Führungsgrößenerzeugung.

Bild Nr.	5.8	5.11	5.14	5.17	5.20
BK	e_{ar}/s_H	$ü_a/s_H$	a_{imax}/a_H	$v_{iü}/v_B$	$v_{sü}/v_B$
GFE	0,284	0,551	0,328	0,231	0,165
BFE	0	0,105	0,1	0,04	0,0267
AK	e_{ar}/mm	$ü_a$/mm	a_{imax}/(m/s^2)	$v_{iü}$/(m/min)	$v_{sü}$/(m/min)
GFE	0,284	0,551	3,28	1,386	0,99
BFE	0	0,105	1,0	0,24	0,16

Bild 5.23: Tabellarische Gegenüberstellung der bezogenen und absoluten Werte der Bahnabweichungs- und Bewegungskenngrößen für geschwindigkeits- und beschleunigungsgesteuerte Führungsgrößenerzeugung

Ein Vergleich ergibt, daß durch die Führungsgrößenglättung die 90°-Eckenabweichung verschwindet, die Überschwingabweichung von

0,55 mm auf 0,1 mm reduziert wird, die maximale Beschleunigungsbeanspruchung von 3,28 m/s^2 auf $1 m/s^2$ zurückgeht, der Vorschubantrieb anstelle von 1,38 m/min an Aussteuerreserve nur noch 0,24 m/min benötigt, der Lageregler eine Aussteuerreserve erfordert, die einer Geschwindigkeitsänderung von 0,16 m/min entspricht gegenüber 0,99 m/min bei der herkömmlichen Führungsgrößenerzeugung.

5.3.2 Beispiel zur Ermittlung der Führungsbeschleunigung

Bei vorgegebenen Bahnabweichungstoleranzen, Aussteuerbereichen und Beanspruchungsgrenzen kann mit den Diagrammen aus Abschnitt 5.3 ein Wert für die in der Steuerung einzustellende Führungsbeschleunigung a_{f0} ermittelt werden. Dazu werden neben den Parametern der Lageregelungen (K_v, ω_{OA}, D_A, T_T) weitere Grenzdaten der Lageregelung ermittelt. Es sind dies die maximal zulässige Istbeschleunigung a_{igrenz} und die maximal zulässige Geschwindigkeit v_{grenz}.

Die Werte der Lageregelungsparameter werden durch Messung bestimmt (s. /13/ und /14/). Die Grenzdaten der Lageregelung sind festgelegt durch die Aussteuerbereiche der Regeleinrichtung und der Antriebssysteme sowie deren Beanspruchbarkeit. Bei Gleichstromantrieben hängt der Aussteuerbereich und damit die maximal zulässige Istgeschwindigkeit von den Kommutierungseigenschaften ab. Angaben hierzu sind den Datenblättern zu entnehmen.

Die maximal zulässige Istbeschleunigung ist abhängig von der zulässigen Beanspruchung der mechanischen Übertragungsglieder der Lageregelung und der Vorschubantriebe. Zum Schutz von Motor und Maschine wird deshalb oft ein Grenzstrom I_{grenz} vorgeschrieben, der auf keinen Fall überschritten werden darf. Die dadurch gleichzeitig vorgegebene zulässige Motorbeschleunigung bestimmt den maximal zulässigen Grenzwert der Istbeschleunigung a_{igrenz}. Es gilt:

$$a_{igrenz} = \frac{I_{Bmax}}{c_a} = \frac{I_{grenz} - I_L}{c_a}$$

$$a_{igrenz} = \frac{I_N}{c_a} (c_{ü} - c_L)$$

Hierbei ist I_N der Nennstrom, $c_{ü}$ der zugelassene Überlastungsfaktor des Motors, c_L der mittlere Belastungsfaktor durch die Reib- und Bearbeitungskräfte, c_a die Beschleunigungskonstante.

Die Beschleunigungskonstante läßt sich entweder durch Messung oder Rechnung bestimmen /14/. Für ihre Berechnung gilt:

$$c_a = \frac{2 . \pi . i . J}{h . c_M} .$$

Hierbei sind: c_M die Motorkonstante, h die Spindelsteigung, i die Getriebeübersetzung, J gesamtes auf die Motorwelle reduziertes Massenträgheitsmoment.

Die Parameter und Grenzdaten der Lageregelungen einer numerisch gesteuerten Werkzeugmaschine können z. B. folgende Werte besitzen: $K_{v_2} = 30\ s^{-1}$, $\omega_{OA} = 100\ s^{-1}$, $D_A = 0{,}5$, $T_T = 10ms$, $a_{igrenz} = 1{,}5\ m/s^2$, $v_{grenz} = 12\ m/min$.

Soll damit bei einer Bahngeschwindigkeit von $v_B = 6\ m/min$ eine 90°-Ecke erzeugt werden, so erreichte die Eckenabweichung $e_{ar} = 0{,}284$ mm und die Überschwingabweichung $ü_a = 0{,}55$ mm. Die dabei auftretende maximale Istbeschleunigung würde $3{,}28\ m/s^2$ betragen. Das Antriebssystem wäre in der Begrenzung, das Verhalten der Lageregelung nichtlinear. Zusätzliche Bahnverzerrungen wären unvermeidlich. Um ein lineares Verhalten der Lageregelung aufrecht zu erhalten, wird nun die beschleunigungsgesteuerte Führungsgrößenerzeugung eingesetzt. Die erforderliche Führungsbeschleunigung wird mit Hilfe der Grenzbeschleunigung ermittelt. Für diese ergibt sich bei einer Geschwindigkeitsänderung von $\Delta v_B = v_B = 6$ m/min und $\omega_{OA} = 100\ s^{-1}$ ein bezogener Wert von 0,15. Mit diesem Wert geht man in das Diagramm von Bild 5.14 ein und erhält für die bezogene Führungsbeschleunigung $a_{f0}/a_H = 0{,}118$. Mit $a_H = 10\ m/s^2$ wird daraus $a_{f0} = 1{,}18\ m/s^2$. Mit dieser Einstellung wird bereits die Eckenabweichung verschwinden. Für die Überschwingabweichung ergibt sich noch ein Wert von $ü_a = 0{,}142$ mm. Ist nun ein Toleranzbereich von $e = \pm\ 0{,}01$ mm vorgeschrieben, so muß die Führungsbeschleunigung weiter reduziert werden. Mit Hilfe des Diagramms der bezogenen Überschwingabweichung (s. Bild 5.11) ergibt sich für die hierfür erforderliche Führungsbeschleunigung ein Wert von $a_{f0} = 0{,}09\ m/s^2$. Die dabei auftretende maximale Istbeschleunigung ist ebenfalls $0{,}09\ m/s^2$. Bei einer Richtungsumkehr wird dieser Wert verdoppelt. Der für die Führungsbeschleunigung von $a_{f0} = 0{,}09\ m/s^2$ erforderliche Verzögerungs- oder Beschleunigungsweg bei einer Bahngeschwindigkeit von 6 m/min beträgt 55,5 mm. Die Zeitverlängerung beim Durchfahren einer 90°-Ecke ist bei dieser mit dieser Einstellung $t_z = 1{,}11$ s.

5.4 Folgerungen

In diesem Kapitel wurde gezeigt, daß mit Hilfe der Führungsgrößenglättung eine weitere Reduzierung der dynamischen Bahnabweichungen möglich ist. Bei numerisch gesteuerten Werkzeugmaschinen genügt hierzu im allgemeinen die zusätzliche Beschränkung der 2. Ableitung der Lageführungsgrößen, der Führungsbeschleunigung. Bei Lageregelsystemen mit Hysteresegliedern sind der Reduzierung der Überschwingabweichung durch die vorhandenen Umkehrspannen Grenzen gesetzt. Der durch eine Umkehrspanne außerhalb des Lageregelkreises bedingte Bahnversatz zwischen Soll- und Istbahn kann nicht beseitigt werden. Bei linearen Systemen werden mit zunehmender Beschränkung der Führungsbeschleunigung die Ecken- und Überschwingabweichungen bei unstetigen Bahnrichtungsänderungen kleiner.

Eine Folge der Beschränkung der Führungsbeschleunigung ist die Verlängerung der Bewegungsdauer. Für einen geradlinigen Bewegungsvorgang mit Beschleunigungs- und Verzögerungsphase beträgt diese Verlängerung $t_{zus} = v_B/a_{f0}$. Mit einer Bahngeschwindigkeit von 6 m/min und einer Führungsbeschleunigung von 0,1 m/s^2 ergibt sich beispielsweise eine Zeitverlängerung von 1 s.

In Verbindung mit der Begrenzung der Führungsbeschleunigung sind bei der Lageführungsgrößenerzeugung zusätzlich Brems- und Beschleunigungswege zu beachten. Bei geradliniger Bewegung berechnet sich der Beschleunigungsweg s_b zum Erreichen der Bahngeschwindigkeit zu

$$s_b = \frac{1}{2} \frac{{v_B}^2}{a_{f0}} .$$

Soll z.B. mit einer Führungsbeschleunigung von 0,1 m/s^2 eine Bahngeschwindigkeit von 6 m/min erreicht werden, so ist dafür ein Beschleunigungsweg von 50 mm vorzusehen.

Zur Vermeidung langer Beschleunigungs- und Bremswege ist der Einsatz der beschleunigungsgesteuerten Führungsgrößenerzeugung mit der toleranzabhängigen Verweilzeit zu verknüpfen. Diese Verweilzeit steuert in Abhängigkeit von einer vorgegebenen Toleranz für die Lage-Istgrößen die Ausgabe der Lageführungsgrößen zwischen zwei aufeinanderfolgenden Bewegungsvorgängen.
Diese Maßnahme bewirkt stets eine Verringerung der Eckenabweichung. Die Führungsbeschleunigung kann deswegen evtl. nur noch anhand der zulässigen Beschleunigungsbeanspruchung der Antriebe ausgewählt werden.

Neben der Verbesserung der Bahntreue durch die Führungsgrößenglättung mit der beschleunigungsgesteuerten Führungsgrößenerzeugung erfolgt stets eine Verminderung der dynamischen Beanspruchung der Lageregelungselemente insbesondere der Antriebssysteme und der mechanischen Übertragungsglieder. Der Maximalwert der auftretenden Istbeschleunigung ist dabei ungefähr gleich der eingestellten Führungsbeschleunigung, wenn für diese

$$a_{f0} < \frac{1}{2} \cdot K_v \cdot \Delta v_B$$

gilt.

Aus der Beschränkung der Beschleunigungsbeanspruchung durch die Führungsgrößenglättung folgt nun, daß bei gleichbleibenden Anforderungen bezüglich der Bahnabweichungen und damit des Bearbeitungsergebnisses die Anforderungen an die Antriebssysteme vermindert werden können. Dies gilt nicht für die Ausführung der mechanischen Übertragungsglieder, um das Auftreten von Umkehrspannen zu vermeiden.

6 Folgerungen für die Anwendung der Möglichkeiten zur weiteren Reduzierung der dynamischen Bahnabweichungen bei numerisch gesteuerten Werkzeugmaschinen

Für alle in den vorausgegangenen Kapiteln dargestellten Möglichkeiten zur weiteren Reduzierung der dynamischen Bahnabweichungen gilt, daß seitens der konstruktiven Ausführung der Maschinen alles getan werden muß, um das Auftreten von Umkehrspannen zu vermeiden bzw. in Grenzen zu halten, bei welchen Bahnabweichungen und damit Bearbeitungsfehler vernachlässigt werden können. Anzustreben ist daher ein lineares Übertragungsverhalten der Lageregelungen.

Bei den linearen Lageregelungen sind die genannten Möglichkeiten zur weiteren Reduzierung der dynamischen Bahnabweichungen nicht gleichermaßen einsetzbar. Dies hängt von den zu fahrenden Bahnen, der geforderten Bahntreue und dem zugelassenen Mehraufwand ab.

Die Geschwindigkeitsvorsteuerung und die Führungsgrößenvorsteuerung bieten in einem begrenzten Maße die Möglichkeit die Eckkreisfrequenzen gegebener Lageregelungen zu erhöhen. Es erfolgt dabei gewissermaßen eine Anpassung des Übertragungsverhaltens der Lageregelungen an die zu übertragenden Signale. Hilfsmittel sind die Führungsgrößenverzerrung und die Hilfsgrößenaufschaltung. Hat der Lageregler ein Proportionalverhalten, dann können beide Formen der Beeinflussung ineinander übergeführt werden. Bei der Führungsgrößenglättung werden dagegen die auf die Lageregelung einwirkenden Signale deren Übertragungsverhalten in einem gewissen Umfang angepaßt. Diese Anpassung besteht darin, die im Signalverlauf der Lageführungsgrößen bei herkömmlicher Führungsgrößenerzeugung auftretenden Knicke zu vermeiden. Randbedingung hierbei ist, daß die entstehenden Sollbahnen mit den gewünschten Bahnen übereinstimmen.

Zur Geschwindigkeitsvorsteuerung ist einschränkend zu sagen, daß sie keine allgemeine Lösung zur weiteren Verringerung der dynamischen Bahnabweichungen darstellt. Bei geradlinigen Bewegungen im Beharrungszustand können durch die Geschwindigkeitsvorsteuerung zwar ungleiche Geschwindigkeitsverstärkungen ausgeglichen werden, das Übertragungsverhalten ist damit jedoch nur geringfügig zu beinflussen. Um auf dieses einwirken zu können, müßte die Lageregelung in einem weiten Frequenzbereich das Verhalten eines Verzögerungsgliedes 1. Ordnung besitzen. Hierzu muß die Geschwindigkeitsverstärkung unter den für das Führungsverhalten der Lageregelungen optimalen Werten liegen. In diesem Fall ist dann eine relative Verbesserung der Bahntreue bei allen Bahnbewegungen möglich. Doch ist zur Erreichung des gleichen Ergebnisses die Optimierung der Lageregelungen mit geringerem Aufwand verbunden. Außerdem ist dabei auch das Störverhalten günstiger als bei niederen K_v-Werten.

Soll die Geschwindigkeitsvorsteuerung in Verbindung mit einer zusätzlichen Schalteinrichtung zur Verkürzung der Positionierdauer eingesetzt werden, dann ist bei vollständiger Beseitigung des Schleppabstandes und optimierter Lageregelung für die Antriebssysteme und die Maschinenelemente eine 2...2,5-fach höhere Beschleunigungsbeanspruchung vorzusehen. Die Aussteuerbereiche von Regler und Antriebssystemen erfordern eine Aussteuerreserve von ca. 60% des im Beharrungszustandes erforderlichen Wertes, um gerätetechnisch bedingte Begrenzungen nicht wirksam werden zu lassen.

Die Führungsgrößenvorsteuerung hat gegenüber der Geschwindigkeitsvorsteuerung den Vorteil, nicht nur eine Anpassung der Geschwindigkeitsverstärkungen bei geradliniger Bewegung im Beharrungszustand zu bewirken, sondern eine Anpassung des gesamten Übertragungsverhaltens oder Teilen davon zu ermöglichen. Eine Erhöhung der Eckkreisfrequenz gegenüber dem optimierten, aber nicht vorgesteuerten Lageregelsystem ist damit immer gegeben. Dies führt bei allen Bahnen zu einer Verbesserung der Bahntreue. Bei geradliniger Bewegung ist damit aber keine vollständige Beseitigung des Schleppabstandes möglich. Außerdem verursacht die höhere Eckkreisfrequenz des Gesamtsystems zur Lageeinstellung eine größere Beschleunigungsbeanspruchung der Maschine und der Antriebe. Ist seitens der Konstruktion ein Grenzwert von 10 m/s^2 vorgegeben, so ist im günstigsten Fall eine Erhöhung der Eckkreisfrequenz um den Faktor fünf möglich. Die Eckenabweichungen und die Überschwingabweichungen gehen bei nicht stetigen Bahnrichtungsänderungen im selben Maß zurück. Die zugehörigen Aussteuerbereiche sind um etwa das 3,8- fache zu erhöhen. Da eine derartige Erhöhung bei den zur Verfügung stehenden Antriebssystemen im allgemeinen nicht realisiert werden kann, ist die Führungsgrößenvorsteuerung auf etwa ein Viertel bis ein Fünftel des zulässigen Drehzahlbereiches bzw. Geschwindigkeitsbereiches zu beschränken.

Die Flexibilität in der Anpassung des Übertragungsverhaltens durch die Führungsgrößenvorsteuerung ist sehr aufwendig, da viele freie Parameter vorhanden sind. Voraussetzung ist außerdem die Kenntnis des Übertragungsverhaltens der Lageregelungen. Eine automatische Identifikation und Anpassung der Führungsgrößenvorsteuerung würde deren Einsatz wesentlich erleichtern.

Das Problem der höheren dynamischen Beanspruchung der Antriebe und der Maschinenelemente sowie der größeren Aussteuerbereiche tritt bei der Lage-Istgrößenerzeugung mit Führungsgrößenglättung nicht auf. Bei gleichbleibenden Anforderungen an das Bahnverhalten für nicht stetige Bahnrichtungswechsel ist es hier sogar möglich, die Anforderungen an die Dynamik und die Beschleunigungsbeanspruchung der Antriebe zu reduzieren. In Verbindung mit der Führungsgrößenvorsteuerung könnte eine bessere Ausnutzung der zur Verfügung stehenden Systeme erfolgen.

Die Führungsgrößenglättung allein ermöglicht nur eine Verbesserung der Bahntreue bei Anfahr-, Haltevorgängen und nicht stetigen Bahnrichtungswechseln. Das Ausmaß der Verringerungen der Ecken- und Überschwingabweichungen wird durch den eingestellten Wert der Führungsbeschleunigung und die Lageregelstruktur bestimmt. Eine näherungsweise Ermittlung der einzustellenden Führungsbeschleunigung sollte immer von einer Lageregelung mit Totzeitglied ausgehen. Hierfür sind in Abschnitt 5.3 Diagramme und Anwendungsbeispiele angeführt. Geht es nur um den Schutz der Anlage vor einer übermäßigen Beschleunigungsbeanspruchung, dann ist die maximal zulässige Istbeschleunigung ungefähr gleich der eingestellten Führungsbeschleunigung, wenn für diese gilt

$$a_{f0} < \Delta v_B \cdot K_v / 2$$

Von Nachteil ist bei der Führungsgrößenglättung die Verlängerung der Bewegungsdauer und die zusätzliche Berücksichtigung von Brems- und Beschleunigungswegen im Führungsgrößenverlauf. Durch Einsatz der toleranzabhängigen Verweilzeit kann übermäßig langen Bremswegen entgegengewirkt werden. Einsetzbar ist die Führungsgrößenglättung für den gesamten zur Verfügung stehenden Geschwindigkeitsbereich. Voraussetzung sind entsprechend lange Wege, um auf die im Beharrungszustand gewünschte Geschwindigkeit zu gelangen.

7 Zusammenfassung

Ausgehend von der Beschreibung der Lageregelungen, die im Zusammenwirken mit den durch die gewünschten Bahnen auf sie einwirkenden Lageführungsgrößen zu dynamischen Bahnabweichungen führen, werden Lösungsmöglichkeiten untersucht, durch die eine Verringerung der dynamischen Bahnabweichungen bei numerisch gesteuerten Werkzeugmascheine erscheint. Es sind dies die

- Geschwindigkeitsvorsteuerung
- Führungsgrößenvorsteuerung
- Führungsgrößenglättung .

Die für die Anwendung sich ergebenden Folgerungen werden dargestellt und die für die Auslegung der Lageregelungen erforderlichen Angaben gemacht.

erichte aus dem Institut für Steuerungstechnik der Werkzeugmaschinen nd Fertigungseinrichtungen der Universität Stuttgart

erausgegeben von Prof. Dr.-Ing. G. Stute

W 1: D. Schmid, Numerische Bahnsteuerung, 89 S., 1972, DM 24,–

W 2: H. Schwegler, Fräsbearbeitung gekrümmter Flächen, 111 S., 1972, DM 24,–

W 3: J. Eisinger, Numerisch gesteuerte Mehrachsenfräsmaschinen, 90 S., 1972, DM 24,–

W 4: R. Nann, Rechnersteuerung von Fertigungseinrichtungen, 125 S., 1972, DM 36,–

W 5: G. Augsten, Zweiachsige Nachformeinrichtungen, 140 S., 1972, DM 36,–

W 6: B. Karl, Die Automatisierung der Fertigungsvorbereitung durch NC-Programmierung, 121 S., 1972, DM 30,–

W 7: H. Eitel, NC-Programmiersystem, 117 S., 1973, DM 30,–

W 8: E. Knorr, Numerische Bahnsteuerung zur Erzeugung von Raumkurven auf rotationssymmetrischen Körpern, 130 S., 1973, DM 36,–

W 9: S. Bumiller, Viskohydraulischer Vorschubantrieb, 123 S., 1974, DM 36,–

W 10: K. Maier, Grenzregelung an Werkzeugmaschinen, 140 S., 1974, DM 40,–

W 11: J. Waelkens, NC-Programmierung, 160 S., 1974, DM 44,–

W 12: E. Bauer, Rechnerdirektsteuerung von Fertigungseinrichtungen, 138 S., 1975, DM 40,–

W 13: H. König, Entwurf und Strukturtheorie von Steuerungen für Fertigungseinrichtungen, 206 S., 1976, DM 58,–

W 14: H. Damsohn, Fünfachsiges NC-Fräsen, 143 S., 1976, DM 38,–

W 15: H. Jetter, Programmierbare Steuerungen, 141 S., 1976, DM 40,–

W 16: H. Henning, Fünfachsiges NC-Fräsen gekrümmter Flächen, 180 S., 1976, DM 48,–

W 17: K. Boelke, Analyse und Beurteilung von Lagesteuerungen für numerisch gesteuerte Werkzeugmaschinen, 105 S., 1977, DM 28,–

W 18: F.-R. Götz, Regelsystem mit Modellrückkopplung für variable Streckenverstärkung, 116 S., 1977, DM 32,–

W 19: H. Tränkle, Auswirkungen der Fehler in den Positionen der Maschinenachsen beim fünfachsigen Fräsen, 103, S., 1977, DM 28,–

W 20: P. Stof, Untersuchungen über die Reduzierung dynamischer Bahnabweichungen bei numerisch gesteuerten Werkzeugmaschinen, 118 S., 1978, DM 34,–

Vorbereitung:

W 21: R. Wilhelm, Planung und Auslegung des Materialflusses flexibler Fertigungssysteme, 142 S., 1978.

W 22: N. Kappen, Entwicklung und Einsatz einer direkten digitalen Grenzregelung für eine Fräsmaschine mit CNC, 112 S., 1978

W 23: H. G. Klug, Integration automatisierter technischer Betriebsbereiche, 125 S., 1978

Springer-Verlag
Berlin · Heidelberg · New York

GPSR Compliance

The European Union's (EU) General Product Safety Regulation (GPSR) is a set of rules that requires consumer products to be safe and our obligations to ensure this.

If you have any concerns about our products, you can contact us on ProductSafety@springernature.com

In case Publisher is established outside the EU, the EU authorized representative is:

Springer Nature Customer Service Center GmbH
Europaplatz 3
69115 Heidelberg, Germany

Batch number: 10682439

Printed by Printforce, the Netherlands